westermann

Autorinnen und Autoren: Alexander Alves, Christian Bünz, Carmen Hockerup, Patricia Matutat, Thomas Megele, Alexa Oerke

Herausgeber: Christian Bünz, Reiner Schlausch, Harald Strating

Metalltechnik für Industrieberufe

Lernsituationen Lernfelder 1–4

Metall SMART Lernen

1. Auflage

Bestellnummer 16285

© 2025 Westermann Berufliche Bildung GmbH, Ettore-Bugatti-Straße 6-14, 51149 Köln
www.westermann.de

Das Werk und seine Teile sind urheberrechtlich geschützt. Jede Nutzung in anderen als den gesetzlich zugelassenen bzw. vertraglich zugestandenen Fällen bedarf der vorherigen schriftlichen Einwilligung des Verlages. Wir behalten uns die Nutzung unserer Inhalte für Text und Data Mining im Sinne des UrhG ausdrücklich vor. Nähere Informationen zur vertraglich gestatteten Anzahl von Kopien finden Sie auf www.schulbuchkopie.de.

Für Verweise (Links) auf Internet-Adressen gilt folgender Haftungshinweis: Trotz sorgfältiger inhaltlicher Kontrolle wird die Haftung für die Inhalte der externen Seiten ausgeschlossen. Für den Inhalt dieser externen Seiten sind ausschließlich deren Betreiber verantwortlich. Sollten Sie daher auf kostenpflichtige, illegale oder anstößige Inhalte treffen, so bedauern wir dies ausdrücklich und bitten Sie, uns umgehend per E-Mail davon in Kenntnis zu setzen, damit beim Nachdruck der Verweis gelöscht wird.

Die Seiten dieses Arbeitshefts bestehen zu 100 % aus Altpapier.

Damit tragen wir dazu bei, dass Wald geschützt wird, Ressourcen geschont werden und der Einsatz von Chemikalien reduziert wird. Die Produktion eines Klassensatzes unserer Arbeitshefte aus reinem Altpapier spart durchschnittlich 12 Kilogramm Holz und 178 Liter Wasser, sie vermeidet 7 Kilogramm Abfall und reduziert den Ausstoß von Kohlendioxid im Vergleich zu einem Klassensatz aus Frischfaserpapier. Unser Recyclingpapier ist nach den Richtlinien des Blauen Engels zertifiziert.

Druck und Bindung: Westermann Druck GmbH, Georg-Westermann-Allee 66, 38104 Braunschweig

ISBN 978-3-427-16285-8

Vorwort

Das vorliegende Werk „Metalltechnik für Industrieberufe – Lernsituationen – Lernfelder 1–4" aus der Reihe „Metall SMART Lernen", ist ein Arbeitsbuch und dient der Ausbildung in den industriellen Metallberufen.

Zielgruppen

Das Arbeitsbuch ist ausgerichtet auf den Unterricht in den Ausbildungsberufen Industrie-, Zerspanungs- und Werkzeugmechaniker/-in.

Inhalt

Der Inhalt ist nach Lernfeldern gegliedert und umfasst Lernsituationen für die ersten vier Lernfelder des jeweiligen Rahmenlehrplans.

Konzeption

Die Konzeption der Lernsituationen zeichnet sich durch folgende Merkmale aus:

- Die Lernsituationen werden jeweils durch eine betriebliche Ausgangssituation eingeleitet, die eine reale bzw. authentische Aufgabenstellung für einen handlungsorientierten Unterricht darstellt.

- Die folgenden Aufgaben innerhalb einer Lernsituation sind nach den Phasen der vollständigen Handlung wie folgt gegliedert:

  INFORMIEREN

  ANALYSIEREN   **PLANEN**

  AUSWERTEN   **DURCHFÜHREN**

Konzeptionselemente

Darüber hinaus enthält das Werk die folgenden Konzeptionselemente:

- eine Auflistung der Anforderungen je Lernsituation **Erfüllen Sie folgende Anforderungen:**

- eine Übersicht über die Lernziele **Ziele der Lernsituation**

- Verweise auf Sozialformen bei einzelnen Aufgaben

- Verweise auf Zusatzmaterialien

Ergänzt wird das Arbeitsbuch durch das Fachbuch „Metalltechnik für Industrieberufe", eine Landingpage, über die man u.a. auf die Zusatzmaterialien der QR-Codes alternativ zugreifen kann (https://www.westermann.de/landing/metallsmartlernen) und eine BiBox mit weiteren Zusatzmaterialien. Eine weitere Ergänzung ist das „Metalltechnik" Tabellenbuch.

Das Autorenteam, die Herausgeber und der Verlag sind für kritische Hinweise und Verbesserungsvorschläge zu diesem Titel an service@westermann.de dankbar.

Frühjahr 2025   Autorinnen, Autoren, Herausgeber und Verlag

Inhaltsverzeichnis

Lernfeld 1:
Fertigen von Bauelementen mit handgeführten Werkzeugen

- LS1 Anfertigen einer normgerechten Zeichnung für eine Werkzeughalterplatte 6
- LS2 Erstellen eines Arbeitsplans für die Fertigung eines Handgriffs 19
- LS3 Merkmale prüfen – die defekte Messuhr 31
- LS4 Herstellen einer Halterung für technische Unterlagen 44

Lernfeld 2:
Fertigen von Bauelementen mit Maschinen

- LS1 Anfertigung eines Druckstückes mit Bohrungen und Gewinde 56
- LS2 Fertigen und Montieren einer Druckplatte an einem 3D-Drucker 67
- LS3 Herstellen einer Spannbuchse 84

Lernfeld 3:
Herstellen von einfachen Baugruppen

- LS1 Optimieren einer fördertechnischen Baugruppe 98
- LS2 Erstellen einer Montageanweisung für ein Schneidwerkzeug 114
- LS3 Herstellen einer einfachen Spannvorrichtung 127
- LS4 Herstellen einer Wandhalterung für eine Doppelschleifmaschine 137
- LS5 Montage eines Messuhrhalters 146

Lernfeld 4:
Warten technischer Systeme

- LS1 Erstellen einer Inspektions- und Wartungsanleitung für einen Kolbenkompressor 160
- LS2 Zustandsprüfung eines Flurförderfahrzeugs 171
- LS3 Instandsetzung einer Spannvorrichtung 186

Bildquellenverzeichnis 199

LF 1

Fertigen von Bauelementen mit handgeführten Werkzeugen

Die Lernsituationen 1 bis 4 sind Anwendungsbeispiele, die sich an der beruflichen Praxis beim Fertigen von Bauelementen mit handgeführten Werkzeugen orientieren. Über realitätsnahe Aufträge werden die Grundlagen im Umgang mit technischen Unterlagen, handgeführten Werkzeugen, Werkstoffen und technischen Berechnungen durch vollständige Handlungen erarbeitet und durchgeführt. Die Ergebnisse werden entsprechend der technischen Normen und Vorgaben dokumentiert.

Lernsituation	Seite	Erledigt
LS1 Anfertigen einer normgerechten Zeichnung für eine Werkzeughalterplatte	6	☐
LS2 Erstellen eines Arbeitsplans für die Fertigung eines Handgriffs	19	☐
LS3 Merkmale prüfen – die defekte Messuhr	31	☐
LS4 Herstellen einer Halterung für technische Unterlagen	44	☐

LF1   Lernfeld 1:   Fertigen von Bauelementen mit handgeführten Werkzeugen

Anfertigen einer normgerechten Zeichnung für eine Werkzeughalterplatte

Betriebliche Ausgangssituation

Eine der Werkzeughalterplatten am Werkzeugträgerwagen neben der Fräsmaschine in der Werkstatthalle biegt sich immer weiter durch und macht insgesamt einen abgenutzten Eindruck: Die Betriebsleiterin Judith Wasiljew beauftragt Sie, eine neue Platte herzustellen. Kunststoffeinsätze zur Lagerung der SK50-Werkzeugaufnahmen sind bereits vorhanden und werden am Ende eingesetzt. Die restlichen Platten und der Wagen sind insgesamt in einem guten Zustand. Daher wäre der Neukauf eines Werkzeugträgerwagens unwirtschaftlich und nicht nachhaltig.

Technische Unterlagen sind für den Wagen nicht mehr vorhanden.

Werkzeughalterung mit deutlichen Verschleißmerkmalen

Arbeitsauftrag

Planen und dokumentieren Sie die Herstellung einer normgerechten Zeichnung für die beschriebene Werkzeughalterplatte. Die Maße für die Platte und die notwendigen Bohrungen entnehmen Sie den Informationen auf den folgenden Seiten und der Handskizze der Betriebsleiterin (Abb. auf S. 11). Dort finden Sie weitere wichtige Informationen zur Berechnung der Plattenmaße.

Erstellen Sie eine normgerechte technische Zeichnung auf einem DIN A3 Zeichnungsblatt. Um dies fachgerecht ausführen zu können, sind Grundkenntnisse der technischen Kommunikation notwendig. Diese werden über entsprechende Beispiele und Unterlagen erarbeitet.

Erfüllen Sie folgende Anforderungen:

1. Achten Sie bei der Erstellung der technischen Zeichnung der Werkzeughalterplatte auf die Einhaltung der entsprechenden Normen.

2. Dokumentieren Sie Ihre Arbeitsergebnisse in Form eines analogen oder digitalen Portfolios. Inhalt: Beschreibung des Vorgehens zur fachgerechten Erstellung der normgerechten Zeichnung, Zeichnung, Bewertungstabelle und alle sonstigen geforderten Unterlagen, z. B. Mindmaps und Checklisten.

3. Präsentieren Sie Ihre Arbeitsergebnisse in einem Fachgespräch.

Lernsituation 1: Anfertigen einer normgerechten Zeichnung für eine Werkzeughalterplatte

LS1

🔍 ANALYSIEREN

1. Vorwissen und Erfahrungen klären: Erstellen Sie eine Liste mit Fachkenntnissen, die Sie zum Thema „Erstellen einer normgerechten technischen Zeichnung" bereits erworben haben.

   _____
   _____
   _____
   _____
   _____

2. Was müssen Sie wissen, um den Auftrag erfüllen zu können? Erstellen Sie eine Mindmap.

LF1 — Lernfeld 1: Fertigen von Bauelementen mit handgeführten Werkzeugen

Ziele der Lernsituation

Am Ende dieser Lernsituation können Sie...	✓
... Grundlagen der technischen Kommunikation beschreiben.	☐
... technische Informationen und einfache Zeichnungen analysieren, um Informationen für Ihren Auftrag nutzen zu können.	☐
... wichtige Informationsquellen wie z. B. das Tabellenbuch nutzen.	☐
... einen Arbeitsplan erstellen.	☐
... eine Zeichnung mit drei Ansichten erstellen.	☐
... ein Portfolio erstellen (digital oder analog).	☐
... Arbeitsergebnisse präsentieren.	☐
... ein Fachgespräch mit anderen Auszubildenden und der Lehrkraft durchführen.	☐

INFORMIEREN

1. Herstellerunterlagen

1.1 Ergänzen Sie die Tabelle. Tragen Sie links Herstellerunterlagen und rechts mögliche Verwendungen ein.

Nr.	Art der Herstellerunterlagen	Verwendungsmöglichkeiten
1	Datenblatt	Einstellwerte zum Einrichten von Maschinen

Lernsituation 1: Anfertigen einer normgerechten Zeichnung für eine Werkzeughalterplatte

LS1

2. Technische Kommunikation

2.1 Beschreiben Sie die folgenden Begriffe und nutzen Sie dazu auch Ihr Tabellenbuch.

Technische Kommunikation:
___
___
___
___

DIN EN ISO 128:
___
___

Teilschnitt oder Ausbruch:
___
___

Lernfeld 1: Fertigen von Bauelementen mit handgeführten Werkzeugen

Nutzen Sie das Fachbuch und das Tabellenbuch, um folgende Aufgaben zu bearbeiten:

2.2 Was bedeuten die Zahlen und Buchstaben der Bezeichnung S235JR in einer Stückliste?

_____
_____
_____

2.3 Was bedeutet dieses Zeichen: Ø?

_____

2.4 Nennen Sie ein Anwendungsbeispiel für die Angabe R5 in einer technischen Zeichnung.

_____

2.5 Beschreiben Sie Maße und Art der folgenden Schraube und nennen Sie die zugehörige Norm.

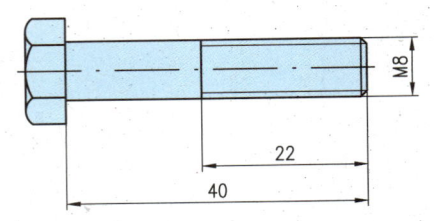

_____
_____
_____
_____

3. Informationen zu SK50

3.1 Welche Informationen können Sie dem folgenden Datenblatt entnehmen?

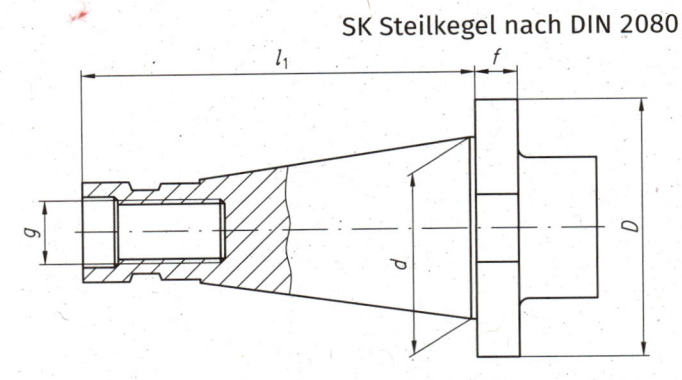

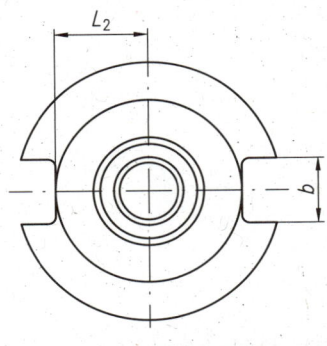

SK Steilkegel nach DIN 2080

Kegel	l_1	L_2	D	d	D_2	g
SK30	68,4	16,30	50	31,75	17,20	M12
SK40	93,40	22,50	63	44,45	25,00	M16
SK50	126,80	35,30	97,50	69,85	39,20	M24

_____
_____

Lernsituation 1: Anfertigen einer normgerechten Zeichnung für eine Werkzeughalterplatte

LS1

3.2 Als Werkzeugaufnahme werden Kunststoffeinsätze wie in der Abbildung verwendet. Erläutern Sie, warum die Werkzeuge nicht direkt in die Werkzeughalterplatte gelegt werden.

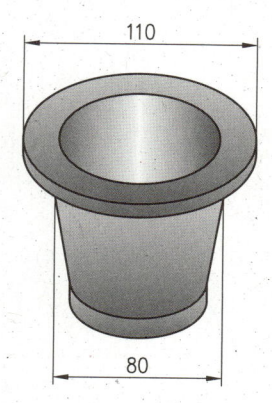

_____

_____

_____

4. Informationen zum Werkzeugträgerwagen

4.1 Tragen Sie die folgenden Bezeichnungen in die richtigen Felder ein: *Aufnahme für Steilkegel SK50, Kunststoffeinsätze, Werkzeughalterplatte, Werkzeugwagengestell*

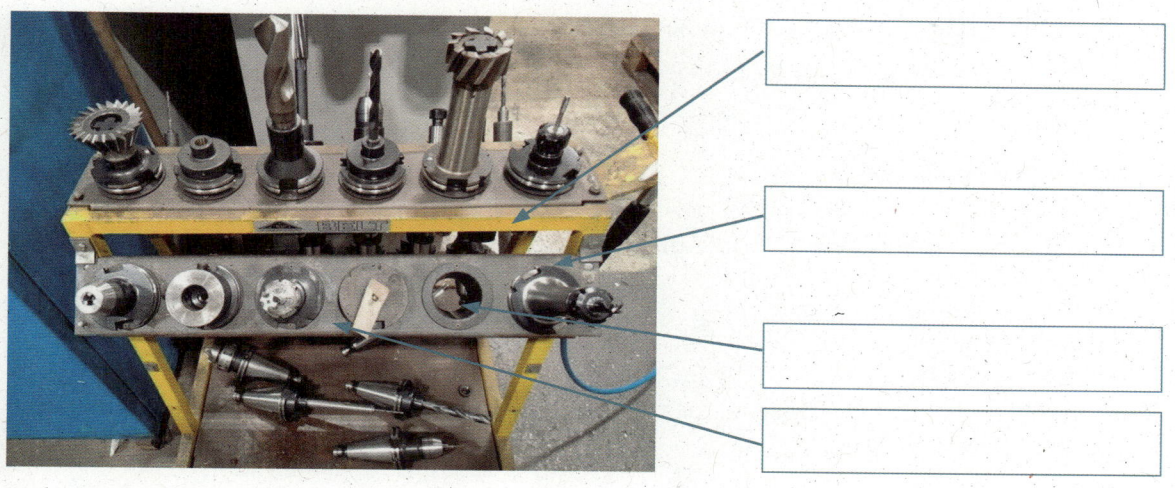

Werkzeugträgerwagen

4.2 Zur besseren Übersicht hat die Betriebsleiterin Frau Wasiljew eine Handskizze erstellt. Beschriften Sie die Handskizze mit folgenden Begriffen: *Abstand Außenränder Kunststoffeinsätze, Abstand Außenrand Kunststoffeinsatz Plattenende, Außendurchmesser Kunststoffeinsatz, Durchgangsbohrung für Schraube M10, Breite Werkzeughalterplatte, Durchmesser Werkzeugaufnahme Typ SK50, Länge Werkzeughalterplatte.*

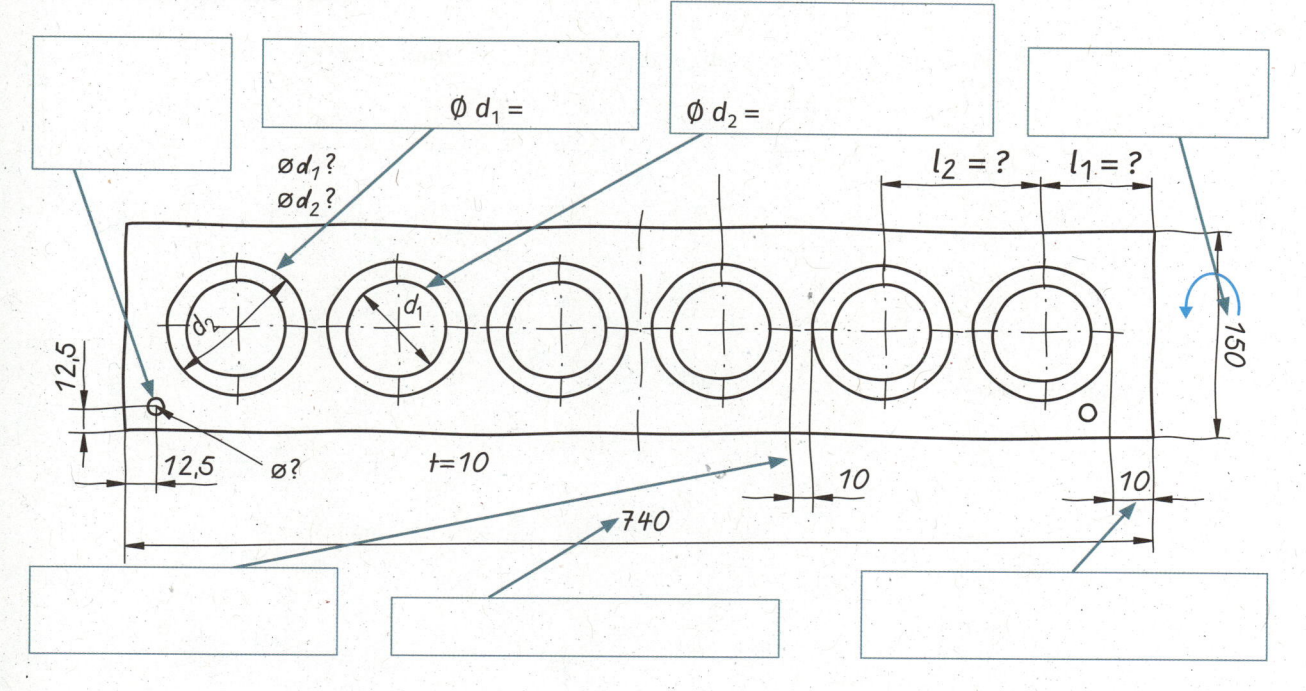

$\varnothing d_1 =$

$\varnothing d_2 =$

$\varnothing d_1?$
$\varnothing d_2?$

$l_2 = ?$ $l_1 = ?$

12,5

150

12,5 $\varnothing?$ $t = 10$ 10   10

740

Lernfeld 1: Fertigen von Bauelementen mit handgeführten Werkzeugen

4.3 Beantworten Sie die folgenden Fragen zu der Handskizze.

a) Für die Fertigung ist die Lage der Bohrungsmittelpunkte für die Werkzeugaufnahmen wichtig, die in der Skizze nicht angegeben sind. Berechnen Sie die fehlenden Größen.

Abstand Mittelpunkt der ersten Bohrung zum Seitenrand l_1:

_____

Abstand der Bohrungsmittelpunkte l_2:

_____

Welchen Durchmesser müssen die Bohrungen haben?

_____
_____

Welchen Durchmesser müssen Sie für die Durchgangsbohrung der Schraube M 10 auswählen?

_____

b) Berechnen Sie den Abstand zwischen dem Außenrand der Platte (oben und unten) und dem Außenrand der Lagereinsätze.

_____
_____
_____
_____

c) Warum hat Frau Wasiljew an der rechten Seite einen blauen Pfeil eingefügt?

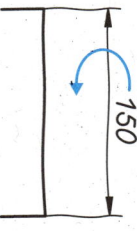

d) Was meint die Betriebsleiterin mit „t=10"?

_____

Lernsituation 1: Anfertigen einer normgerechten Zeichnung für eine Werkzeughalterplatte

LS1

5. Informationen zu den handgeführten Werkzeugen

5.1 Sammeln Sie die wichtigsten acht der Ihnen bisher bekannten handgeführten Werkzeuge in der folgenden Tabelle. Schreiben Sie jeweils den möglichen Einsatzbereich dazu.

Nr.	Werkzeug	Einsatzbereich

LF1 Lernfeld 1: Fertigen von Bauelementen mit handgeführten Werkzeugen

5.2 Wofür werden Handbügelsägen in der Metallverarbeitung verwendet?

___

5.3 Erstellen Sie eine Anweisung zur Unfallverhütung für die Arbeit mit einer Handbügelsäge. Berücksichtigen Sie bei Ihrer Lösung auch Aspekte des Umweltschutzes.

___

PLANEN

Die Arbeitsplanung in der metallverarbeitenden Industrie ist ein grundlegender Schritt im Produktionsprozess. Sie beinhaltet die sorgfältige Organisation und Planung der Schritte, die benötigt werden, um Metallteile herzustellen.

Konkret bedeutet dies:

- Der Herstellungsprozess wird von der Materialauswahl bis zur Endmontage in sinnvolle Schritte aufgeteilt.
- Die notwendigen Maschinen, Werkzeuge und Arbeitskräfte werden so zugeordnet und aufgelistet, dass die Arbeit effizient erledigt werden kann.
- Es wird ein Zeitplan erstellt, um Produktionsziele und Liefertermine einzuhalten.
- Die Qualität soll durch Prüfungen und Kontrollen sichergestellt werden, indem sie in die Planung integriert werden.

Die Arbeitsplanung ist also entscheidend, um sicherzustellen, dass Bauteile rechtzeitig und in hoher Qualität hergestellt werden.

1. Tauschen Sie sich mit Ihren Mitauszubildenden darüber aus, wie die Arbeitsplanung in ihren Betrieben gehandhabt wird, und sammeln und dokumentieren Sie Best-Practice-Beispiele, die Sie sowohl für die weitere Arbeit als auch für Ihr zu erstellendes Portfolio verwenden können.

Lernsituation 1: Anfertigen einer normgerechten Zeichnung für eine Werkzeughalterplatte

LS1

2. Erstellen Sie zur Planung der technischen Zeichnung eine Mindmap „Erstellen der technischen Zeichnung". Was müssen Sie bei der Planung beachten?

3. Um die Werkzeughalterplatte auf einem DIN A3-Blatt zeichnen zu können, müssen Sie einen Maßstab nach DIN ISO 5455 auswählen.
An welcher Abmessung sollten Sie sich zur richtigen Auswahl orientieren?

Wählen Sie den passenden Maßstab mithilfe des Tabellenbuchs.

Berechnen Sie die Zeichnungsmaße für die Außenabmessungen der Werkzeughalterplatte.

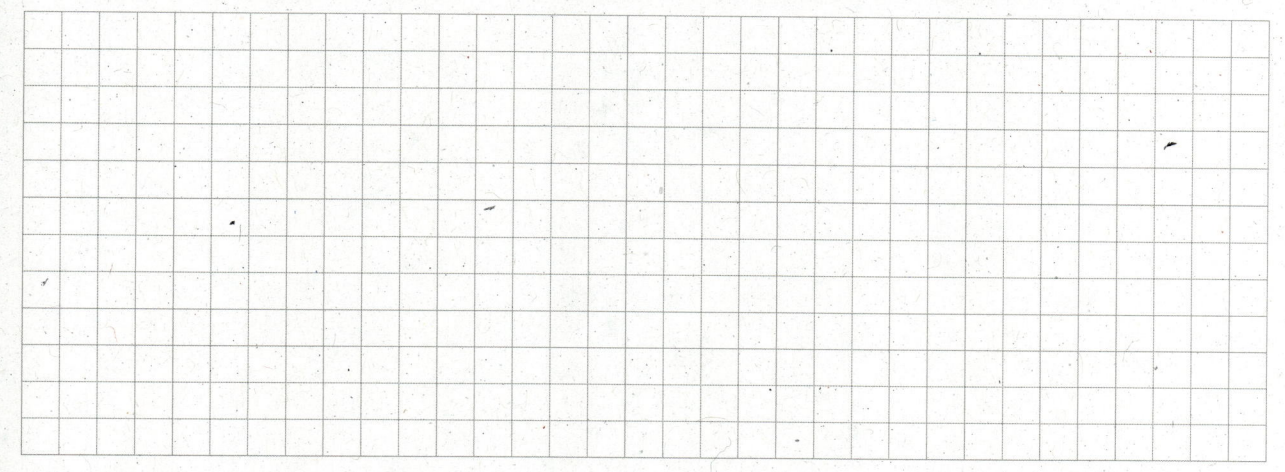

Lernfeld 1: Fertigen von Bauelementen mit handgeführten Werkzeugen

4. Schreiben Sie einen vollständigen Arbeitsplan zur Herstellung der normgerechten Zeichnung für die Werkzeughalterplatte. Erstellen Sie den Arbeitsplan nach dem beigefügten Muster.

Arbeitsplan für eine normgerechte Zeichnung „Werkzeughalterplatte"			
Blatt	Zeichnungs-/Dokumentnummer:	Datum:	Bearbeiter/-in:
Nr.	Arbeitsschritt/Tätigkeit	Werkzeug, Material, Hilfsstoff	Bemerkungen, technologische Daten, Arbeitssicherheit/ Umweltschutz

Lernsituation 1: Anfertigen einer normgerechten Zeichnung für eine Werkzeughalterplatte

LS1

🛠 DURCHFÜHREN

Sie können die Zeichnung jetzt anfertigen.

1. Erstellen Sie eine Liste mit allen erforderlichen Maßen und berechnen Sie die Zeichnungsmaße mit dem ausgewählten Maßstab. Informieren Sie sich im Tabellenbuch und tragen Sie den Maßstab in das Schriftfeld ein.

2. Zeichnen Sie die Werkzeughalterplatte normgerecht mit der Projektionsmethode 1. Nutzen Sie das folgende Flussdiagramm, um zu prüfen, ob Sie alle Anforderungen erfüllt haben.

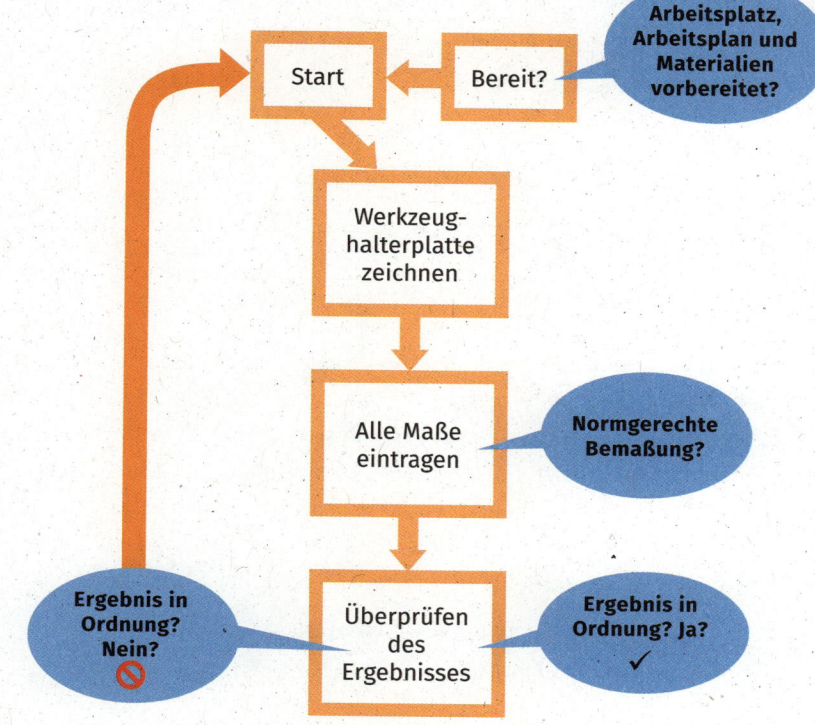

3. Um das DIN A3-Zeichnungsblatt abheften zu können, müssen Sie es nach DIN 824 falten. Informieren Sie sich im Tabellenbuch und falten Sie Ihre Zeichnung normgerecht.

💬 AUSWERTEN

Bei der Durchführung der Zeichnung haben Sie ein Flussdiagramm zur Unterstützung genutzt. Am unteren Ende des Diagramms und damit nach der ersten Fertigstellung der Zeichnung gab es zwei Möglichkeiten: Ergebnis in Ordnung? Ja oder nein.

Zur Prüfung, ob Ihr Ergebnis in Ordnung ist, hilft eine strukturierte Anforderungsliste, die auch als Prüfprotokoll bezeichnet werden kann. Eine solche Liste, in der Sie Prozesse oder Ziele als abgeschlossen abhaken können, hilft, Versäumnisse oder Ungenauigkeiten zu erkennen. Dadurch kann der Arbeitsprozess verbessert werden. Wird der Prozess verbessert, werden auch die Arbeitsergebnisse automatisch besser.

Wenn Sie bei der Betrachtung Ihrer Arbeitsergebnisse zu dem Schluss gekommen sind, Sie haben die Aufgabe zufriedenstellend gelöst, dann hilft das Prüfprotokoll dabei, Ihre Erkenntnisse nachzuweisen und dadurch zu dokumentieren.

1. Entwickeln Sie aus der folgenden Vorlage ein passendes Prüfprotokoll, indem Sie die Anforderungen an eine korrekte Zeichnung auflisten.

2. Tauschen Sie danach das Prüfprotokoll mit Ihrem linken Sitznachbarn bzw. Ihrer linken Sitznachbarin aus.

3. Nutzen Sie das Prüfprotokoll, um Ihre eigenen Arbeitsergebnisse zu überprüfen.

4. Diskutieren Sie das Ergebnis Ihrer Prüfung mit Ihrem linken Sitznachbarn bzw. Ihrer linken Sitznachbarin.

5. Erarbeiten Sie aus Ihren beiden Prüfprotokoll-Versionen eine verbesserte Version.

LF1 Lernfeld 1: Fertigen von Bauelementen mit handgeführten Werkzeugen

6. Fügen Sie beide Versionen Ihrem Portfolio bei und überarbeiten Sie Ihre Zeichnung, falls dies notwendig geworden sein sollte.

Prüfprotokoll für Zeichnung „Werkzeughalterplatte"			
Ist die Zeichnung mittig auf dem Zeichenblatt?	voll erfüllt	teilweise erfüllt	nicht erfüllt

Präsentieren bzw. dokumentieren Sie Ihre Arbeitsergebnisse in Form eines Portfolios. Ein Portfolio ist eine Zusammenstellung von Arbeiten, Projekten und Leistungen einer oder mehrerer Personen. Dies gilt insbesondere für die metallverarbeitende Industrie, in der handfeste Belege für fachliche Fähigkeiten von großer Bedeutung sind. Ein metallverarbeitendes Portfolio könnte neben allgemeinen Qualifikationen auch Projekte und Erfahrungen im Umgang mit Metallen, Maschinen und Produktionsprozessen enthalten. Arbeitsproben könnten beispielsweise Schweißarbeiten, Fotos von hergestellten Bauteilen oder Konstruktionszeichnungen sein. Zusätzlich könnten Zertifikate über Schulungen in metallverarbeitenden Techniken oder Sicherheitsstandards hinzugefügt werden.

In dieser Lernsituation gibt die Aufgabenstellung zu Beginn vor, was Sie alles in das Portfolio aufnehmen sollen, damit Sie eine vollständige Dokumentation Ihrer Arbeit vorlegen können.

1. Fertigen Sie Ihr Portfolio mit den geforderten Inhalten aus der Auftragsanforderung an.
   Der nebenstehende QR-Code führt Sie zu einem Beispiel für ein Portfolio.
   Achtung! Denken Sie an den Urheberrechtsschutz und das Recht an eigenen Materialien. Laden Sie also keine fremden Vorlagen herunter, sondern erstellen Sie ein eigenes Portfolio.

2. Überprüfen Sie, ob in Ihrem Portfolio alle geforderten Inhalte enthalten sind. Tipp: Gehen Sie das Arbeitsheft noch einmal durch und erstellen Sie eine kleine Checkliste zum Abhaken.

Checkliste	Ja oder nein?
Enthält mein Portfolio die geforderten Unterlagen?	
Arbeitsplan	
Entsprechen alle erstellten Unterlagen den Anforderungen aus den Aufgabenstellungen?	

3. Setzen Sie sich mit Ihrem rechten Sitznachbarn bzw. Ihrer rechten Sitznachbarin zusammen.
   Stellen Sie sich gegenseitig Ihre Portfolios vor und beantworten Sie dann folgende Fragen:
   Was fiel mir leicht bei der Bearbeitung der Lernsituation?
   Wann hatte ich Probleme bei der Bewältigung der Lernsituation?
   Wie habe ich die Probleme gelöst?
   Folge: Was würde ich bei der nächsten Lernsituation besser machen?

4. Diskutieren Sie Ihre Antworten mit der gesamten Klasse und dokumentieren Sie Ihre gemeinsam erarbeiteten Antworten.

5. Geben Sie Ihr Portfolio zur Beurteilung an die Lehrkraft ab.

Lernsituation 2: Erstellen eines Arbeitsplans für die Fertigung eines Handgriffs

Erstellen eines Arbeitsplans für die Fertigung eines Handgriffs

Betriebliche Ausgangssituation

Für eine optimierte Handhabung, sollen an einem Werkstattwagen Griffe angebracht werden.

Zuvor wurden die Produkte an einer Werkbank und an nur einem Arbeitsplatz gefertigt. Die Veränderung des Prozessablaufs sieht nun eine Aufteilung der Arbeitsschritte vor.

Dazu soll das Produkt auf dem Werkzeugwagen bearbeitet und anschließend auf diesem weiter zum nächsten Arbeitsschritt transportiert werden.

Für die Herstellung eines geeigneten Griffs müssen mögliche Materialien, Fertigungsverfahren und Arbeitsschritte ausgewählt und geprüft werden.

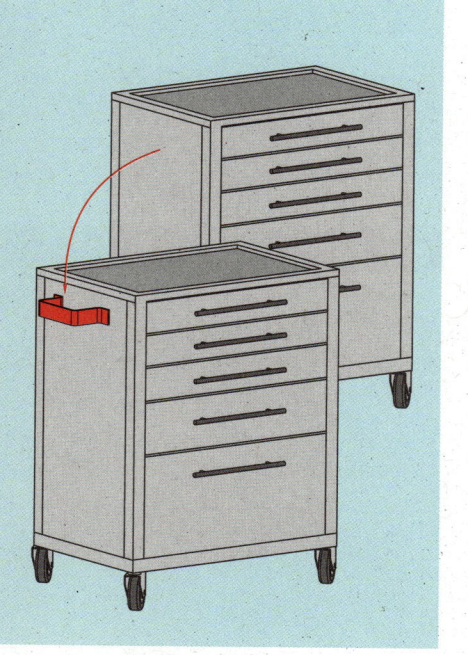

Arbeitsauftrag

Für die vorhandenen Werkstattwagen sollen Handgriffe für einen einfacheren Transport gefertigt werden. Erstellen Sie einen Arbeitsplan für die manuelle Herstellung mit handgeführten Werkzeugen.

Erfüllen Sie folgende Anforderungen:

1. Bestimmen Sie ein geeignetes Fertigungsverfahren und wählen Sie ein geeignetes Material aus.
2. Führen Sie notwendige Berechnungen durch.
3. Erstellen Sie einen Arbeitsplan, in dem Sie die getroffenen Entscheidungen und Berechnungen sowie relevante Daten dokumentieren.

LF1 — Lernfeld 1: Fertigen von Bauelementen mit handgeführten Werkzeugen

🔍 ANALYSIEREN

1. Lesen Sie die berufliche Ausgangssituation und den Arbeitsauftrag genau durch und listen Sie die Anforderungen auf, die Sie erfüllen müssen.

_____

_____

_____

Ziele der Lernsituation

Am Ende dieser Lernsituation können Sie…	✓
… sich begründet für ein Fertigungsverfahren zur Herstellung eines Handgriffs entscheiden.	☐
… die Vorteile und Nachteile der Fertigungsverfahren benennen und an Beispielen verdeutlichen.	☐
… Prozessabläufe beschreiben.	☐
… die einzelnen Arbeitsschritte zur Fertigung eines Handgriffs festlegen.	☐
… die gestreckte Länge von Biegebauteilen über die neutrale Faser berechnen.	☐
… die Auswahl geeigneter Sägewerkzeuge begründet treffen.	☐
… geeignete Feilen zum Entgraten auswählen.	☐
… die Funktionsweise eines Universalwinkelbiegegeräts erklären.	☐
… Maßnahmen zur Erhaltung der Gesundheit und des Arbeitsschutzes im Umgang mit handgeführten Werkzeugen nennen.	☐
… einen Arbeitsplan für das Fertigen eines Handgriffs erstellen.	☐
… sich mithilfe verschiedener Quellen (Fachbuch, Internet, technische Unterlagen, z. B. Zeichnungen) informieren.	☐
… informative Plakate gestalten.	☐
… in einem Team Aufgaben gerecht verteilen.	☐
… Einzelergebnisse im Team vorstellen.	☐
… konstruktive Rückmeldungen geben.	☐
… konstruktive Rückmeldungen annehmen.	☐
… Rückmeldungen zur Optimierung der eigenen Ergebnisse nutzen.	☐

Lernsituation 2: Erstellen eines Arbeitsplans für die Fertigung eines Handgriffs

LS2

📖 INFORMIEREN

1. Überlegen Sie, wie die Bauteile hergestellt werden könnten. Tragen Sie Ihre Ideen in die Tabelle ein.

Bauteil	Herstellungsprozess	Bauteil	Herstellungsprozess
Armaturenbrett		Karosserie-Element (Kunststoff)	
Turboladergehäuse		Blecheinzelteile	
Messer		Platine	
Gestellrahmen		Kotflügel	

2. Tauschen Sie sich anschließend mit Ihren Mitschülerinnen und Mitschülern über mögliche Herstellungsverfahren aus und ergänzen Sie Ihre Tabelle.

LF1 Lernfeld 1: Fertigen von Bauelementen mit handgeführten Werkzeugen

3. Fertigungsverfahren werden in sechs Hauptgruppen eingeteilt:
   Urformen, Umformen, Trennen, Fügen, Beschichten, Stoffeigenschaften ändern.

   Recherchieren Sie eigenständig zur Hauptgruppe. Notieren Sie hier ihr Gruppenthema und die wichtigsten Informationen zu dieser Hauptgruppe.

   _____

   _____

   _____

4. Erstellen Sie in der Gruppe ein Plakat zu „Ihrer" Hauptgruppe. Berücksichtigen Sie dabei folgende Punkte:
   - Beschreiben Sie den Vorgang des Fertigungsverfahrens (Wirkprinzip).
   - Zählen Sie Vor- und Nachteile des Wirkprinzips auf.
   - Führen Sie beispielhafte Verfahren für die Hauptgruppe an.
   - Nennen Sie beispielhaft Bauteile, die mit diesen Verfahren hergestellt werden.

   Der nebenstehende QR-Code führt Sie zu Informationen zur Gestaltung eines Plakats.

   PLAKATERSTELLUNG
   - Auf einem Blatt vorschreiben
   - Übersichtliche Gestaltung
   - Ordentlich arbeiten
   - Stichpunkte
   - Große Überschriften
   - Anschauliche Bilder

5. Stellen Sie Ihre Arbeitsergebnisse im Plenum vor.

6. Ergänzen Sie die folgende Tabelle. Nutzen Sie dazu das Fachkundebuch und die Informationen aus Ihren Plakaten.

Bauteil	Vorgangsbeschreibung (Wirkprinzip)	Hauptgruppe	Verfahrensbeispiele
	Das Werkstück wird aus einem formlosen Stoff geschaffen.		
	Die Form eines festen Werkstücks wird durch plastisches Verformen geändert. Der Zusammenhalt des Werkstoffs bleibt erhalten.		

Lernsituation 2: Erstellen eines Arbeitsplans für die Fertigung eines Handgriffs **LS2**

	Die Form des Werkstücks wird geändert und der Stoffzusammenhalt im Bearbeitungsbereich aufgehoben.		
	Es werden zwei oder mehr Bauteile miteinander lösbar oder unlösbar verbunden.		
	Es wird ein formloser Stoff auf dem Werkstück aufgebracht.		
	Die Werkstückeigenschaften werden durch Umlagerung, Aussonderung oder Einbringung von Stoffteilchen geändert.		

7. Wählen Sie ein geeignetes Wirkprinzip und Herstellungsverfahren für die Herstellung des Griffs aus und begründen Sie Ihre Entscheidung.

_____

_____

_____

PLANEN

Hier sehen Sie die Seitenansicht des Handgriffs. Die vollständige technische Zeichnungsableitung können Sie dem QR-Code entnehmen.

1. Erstellen Sie eine Mindmap mit Aspekten, die Sie bei der Herstellung des Griffes berücksichtigen und beachten müssen.

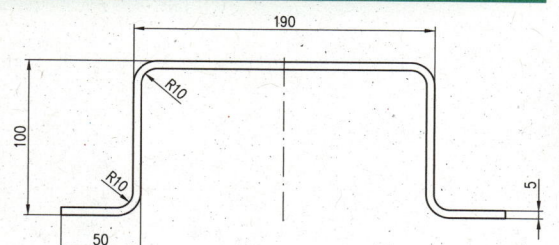

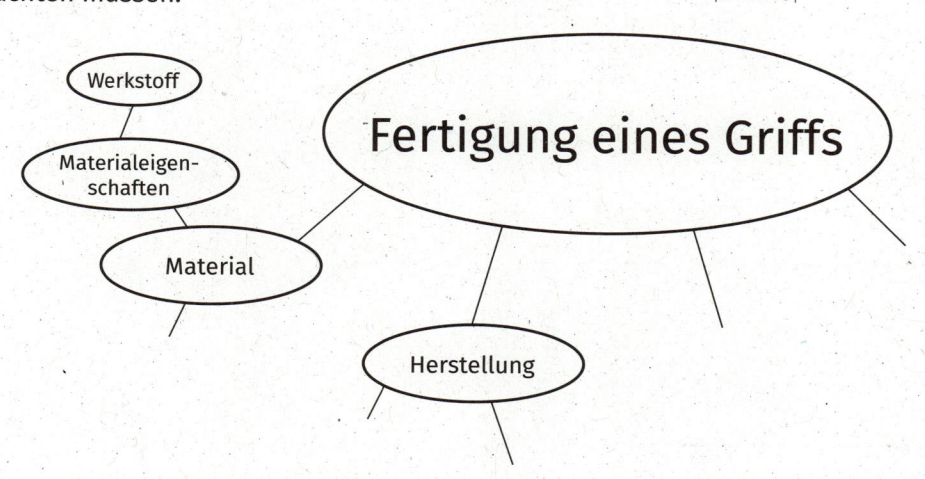

Mindmap: **Fertigung eines Griffs**
- Werkstoff
- Materialeigenschaften
- Material
- Herstellung

LF1 — Lernfeld 1: Fertigen von Bauelementen mit handgeführten Werkzeugen

🛠 DURCHFÜHREN

1. Werkstoffauswahl

Die Auswahl des richtigen Materials für Handgriffe aus Blech ist von entscheidender Bedeutung, da verschiedene Materialien unterschiedliche Eigenschaften und Merkmale aufweisen, die die Leistung, Haltbarkeit und Funktionalität des Griffs beeinflussen.

1.1 Treffen Sie eine gerechtfertigte Werkstoffauswahl für den Handgriff. Nutzen Sie dazu das Tabellenbuch und das Fachkundebuch.

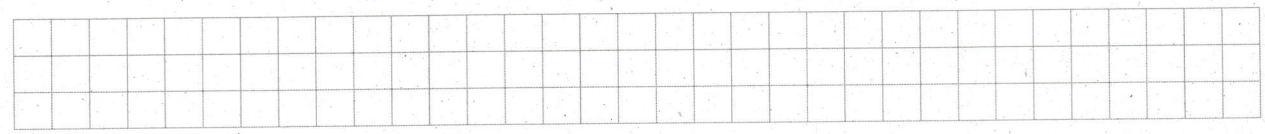

2. Halbzeugauswahl

Die Auswahl des richtigen Halbzeugs oder Rohmaterials ist ein wesentlicher Schritt in der Fertigung und Konstruktion von Produkten, und zwar aus mehreren Gründen:

- Einfluss auf die Endprodukteigenschaften
- Kostenoptimierung
- Verarbeitbarkeit
- Umweltauswirkungen
- Verfügbarkeit

2.1 Wählen Sie ein geeignetes Halbzeug aus dem Tabellenbuch aus. Berücksichtigen Sie dabei die Anforderungen an den Griff.

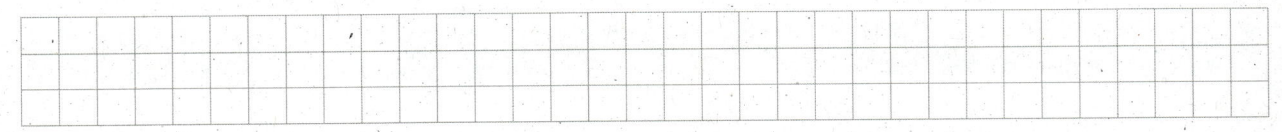

3. Zuschnittlänge

Um das Rohmaterial auf die geforderte Länge absägen zu können, wird die „gestreckte Länge" benötigt.
Sie ermitteln nachfolgend die gestreckte Länge (Zuschnittlänge) des Griffs. Bearbeiten Sie dazu die nächsten Aufgaben.
Für die folgenden Aufgaben können Sie sich zusätzlich im Fachkundebuch informieren.

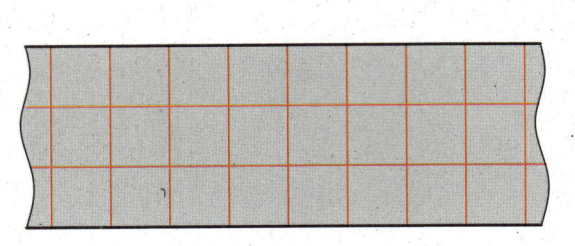

Nicht gebogenes Modell

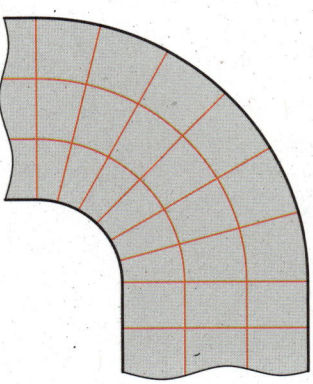

Gebogenes Modell

Lernsituation 2: Erstellen eines Arbeitsplans für die Fertigung eines Handgriffs

3.1 Kennzeichnen Sie in der hier dargestellten Detailansicht einer Biegestelle folgende Bereiche: neutrale Faser, gestreckter Bereich, gestauchter Bereich.

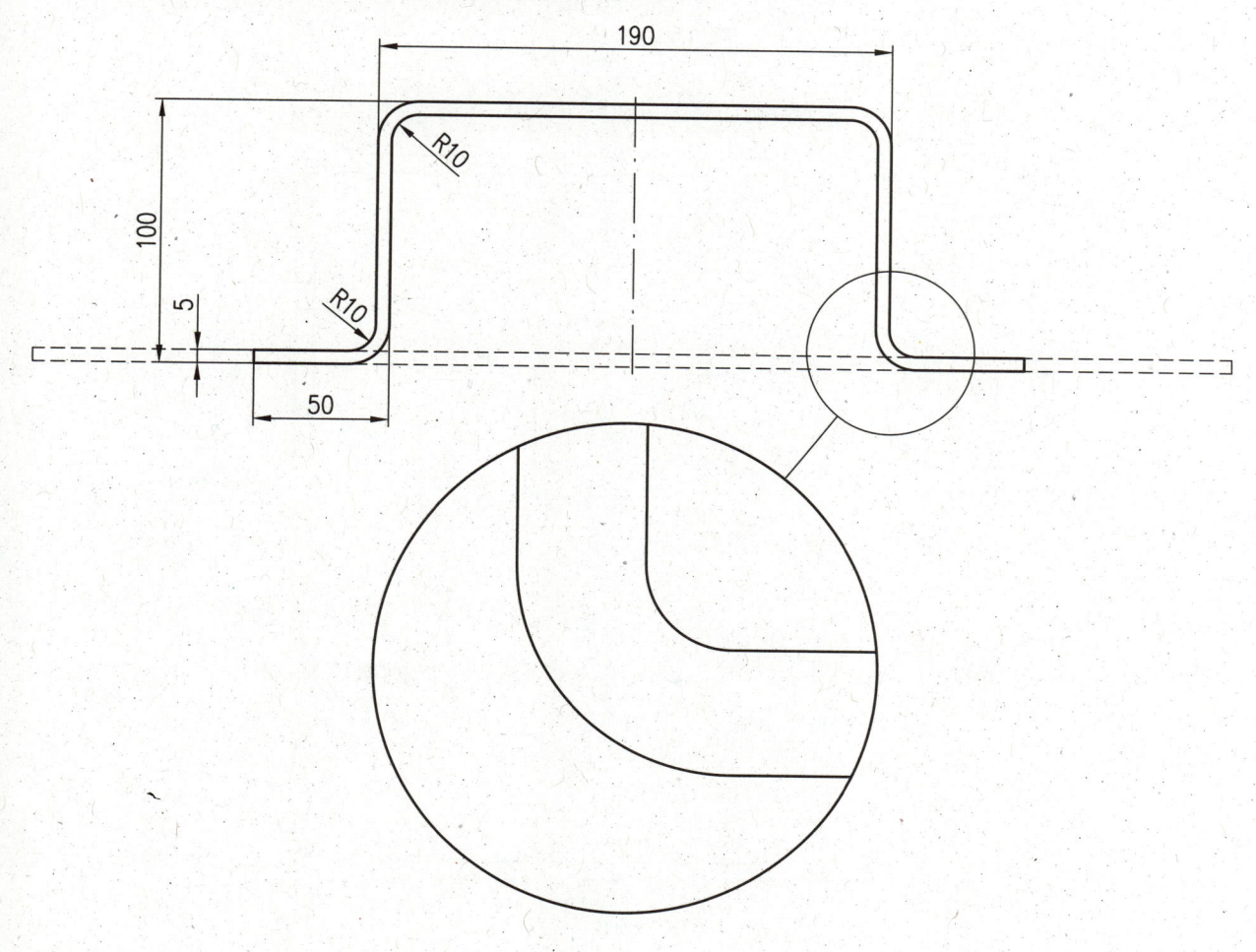

3.2 Setzen Sie die folgenden Begriffe an den richtigen Stellen in den Lückentext ein:

- gestreckten Länge
- gestaucht
- gestreckt
- gestreckte Länge
- neutrale Faser
- Zuschnittlänge

Um bei Biegeteilen die geforderten Maße zu erhalten, muss das Material vor dem Umformen in der richtigen Länge zugeschnitten werden. Diese _____ muss berechnet werden, da sich das Material im Bereich der Biegezone verändert. Der äußere Bereich der Biegezone wird _____ und der innere Bereich _____. Für die Berechnung der Länge des Zuschnitts (_____) macht man sich eine Besonderheit zunutze. Im Übergangsbereich zwischen gestauchtem und gestrecktem Bereich befindet sich die sogenannte „_____". Diese wird während des Umformens weder gestreckt noch gestaucht. Die Länge der neutralen Faser entspricht der _____ des Bauteils.

LF1 Lernfeld 1: Fertigen von Bauelementen mit handgeführten Werkzeugen

3.3 Überlegen Sie in Partnerarbeit, wie Sie das Bauteil in einzelne Bereiche unterteilen würden, um die gestreckte Länge zu berechnen.

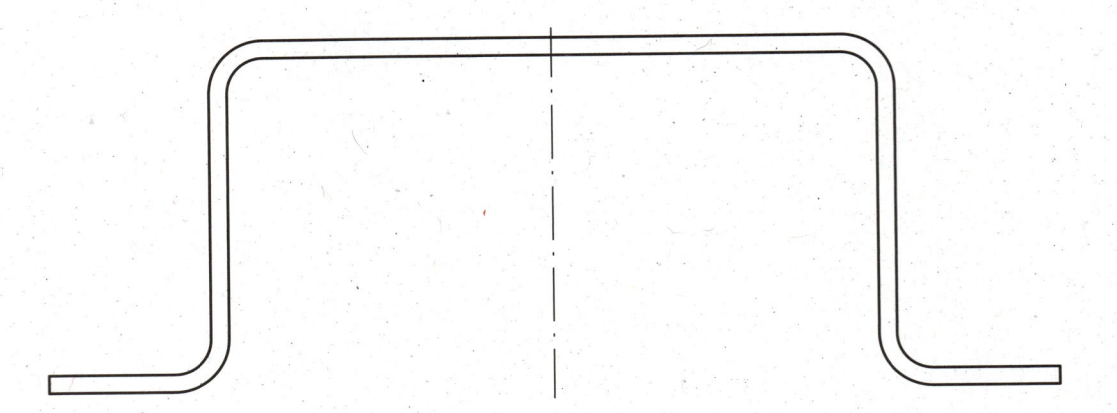

3.4 Bennen Sie die gebogenen und nicht gebogenen Bereiche mit folgenden Kürzeln: l_1, l_2, l_3 und l_4.

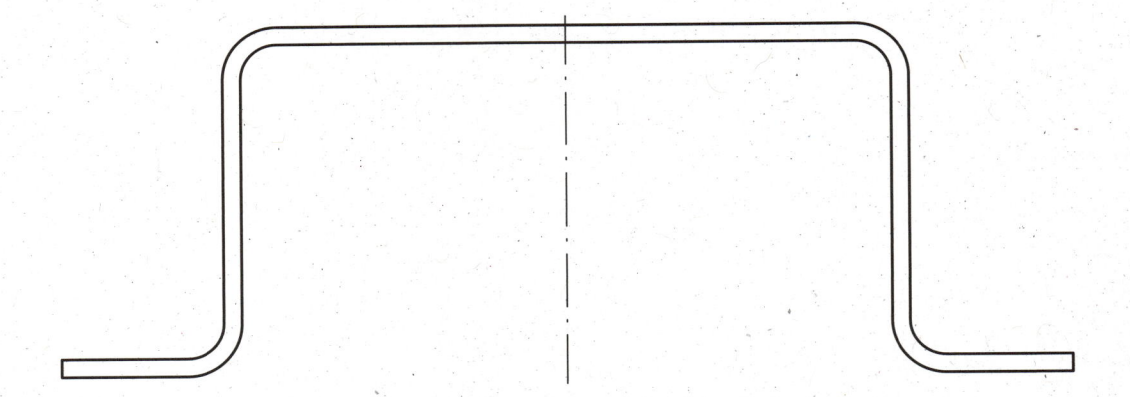

Lernsituation 2: Erstellen eines Arbeitsplans für die Fertigung eines Handgriffs

LS2

3.5 Berechnen Sie beispielhaft eine nicht gebogene Einzellänge.

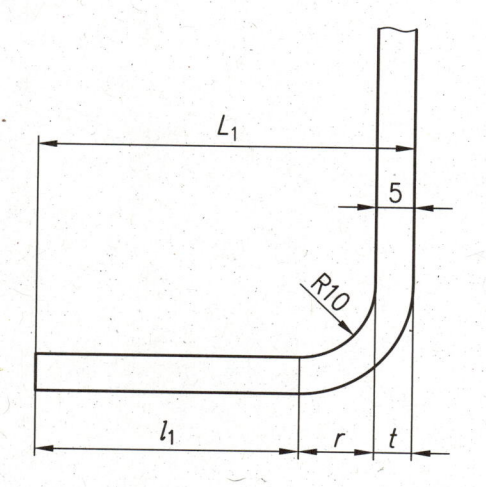

3.6 Leiten Sie eine Formel her, um die gestreckten Längen der gebogenen Bereiche berechnen zu können, und berechnen Sie beispielhaft einen gebogenen Abschnitt (z. B. l_2 aus Aufgabe 3.4).

Formel für gebogene Elemente:

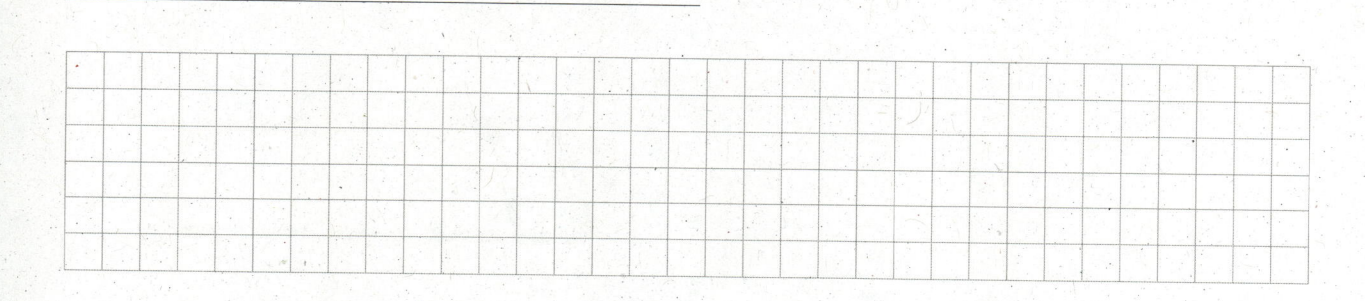

_____

3.7 Berechnen Sie die gestreckte Länge des Griffs für den Werkzeugwagen aus Aufgabe 3.1.

Lernfeld 1: Fertigen von Bauelementen mit handgeführten Werkzeugen

4. Zuschneiden

Nachdem die Zuschnittlänge berechnet wurde, muss das passende Werkzeug zum Ablängen/Sägen des Materials bestimmt werden. Dabei sind ebenfalls Sicherheitsmaßnahmen und das Vorgehen beim Sägen von Bedeutung.

4.1 Sie werden von der Lehrkraft in eine der unten aufgeführten Gruppen eingeteilt. Informieren Sie sich in den Gruppen über das Ihnen zugeteilte Thema und halten Sie Ihre Erkenntnisse schriftlich fest. Nutzen Sie zum besseren Verständnis aussagekräftige Darstellungen (Skizzen, Bilder etc.). Notieren Sie sich ihr Gruppenthema.

_____

_____

_____

Gruppe 1: Arten von Sägen	
Gruppe 2: Vorgangsbeschreibung beim Sägen	
Gruppe 3: Sicherheitsmaßnahmen beim Sägen	

4.2 Nachdem Sie die Erkenntnisse in Ihrer Expertengruppe schriftlich festgehalten haben, finden Sie sich jeweils mit einem Mitglied der anderen beiden Gruppen zusammen und präsentieren Sie sich gegenseitig Ihre Ergebnisse.

4.3 Entscheiden Sie sich für eine für den Arbeitsauftrag geeignete Säge.

Auswahl der Säge:

_____

Nachdem das Material auf Länge (Zuschnittlänge und Aufmaß) gesägt wurde, muss es anschließend auf das Fertigmaß gebracht werden. Dazu werden Feilen eingesetzt.

Lernsituation 2: Erstellen eines Arbeitsplans für die Fertigung eines Handgriffs

LS2

4.4 Bilden Sie erneut Expertengruppen gemäß der unten stehenden Aufteilung. Informieren Sie sich in den Gruppen über das Ihnen zugeteilte Thema und halten Sie Ihre Erkenntnisse auf einem Plakat fest. Nutzen Sie zum besseren Verständnis aussagekräftige Darstellungen (Skizzen, Bilder etc.).

- Gruppe 1: Feilenarten unter Berücksichtigung der Form
- Gruppe 2: Feilenarten unter Berücksichtigung des zu feilenden Materials
- Gruppe 3: Vorgangsbeschreibung beim Feilen
- Gruppe 4: Sicherheitsmaßnahmen beim Feilen

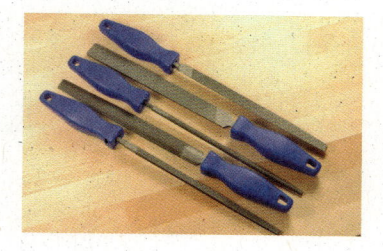

4.5 Nachdem die Plakate erstellt wurden, stellen Sie sich gegenseitig Ihre Ergebnisse vor.

4.6 Entscheiden Sie sich im Plenum für eine geeignete Feile.

Auswahl der Feile:

_____
_____

5. Universal-Winkelbiegegerät

Informieren Sie sich im Zusatzmaterial (siehe QR-Code) über das Universal-Winkelbiegegerät.

5.1 Erklären Sie mit eigenen Worten die Funktionsweise des Winkelbiegegeräts. Beschreiben Sie zudem die einzelnen Schritte, die notwendig sind, um den Handgriff zu biegen.

_____
_____
_____
_____
_____
_____
_____
_____
_____
_____
_____
_____
_____

LF1 Lernfeld 1: Fertigen von Bauelementen mit handgeführten Werkzeugen

6. Arbeitsplan erstellen

Sie haben jetzt alle Arbeitsschritte für die Fertigung des Handgriffs bestimmt.

Nutzen Sie die gewonnenen Erkenntnisse der letzten Arbeitsaufträge und erstellen Sie einen Arbeitsplan für die Fertigung des Handgriffs. (Für die Vorlage nutzen Sie den QR-Code.)

Dabei soll folgende Formatierung eingehalten werden:

- Schriftart Arial
- Schriftgröße 11 pt.
- Überschriften fett

AUSWERTEN

1. Überprüfen Sie den Arbeitsplan einer Klassenkameradin bzw. eines Klassenkameraden. Gehen Sie dazu die einzelnen Schritte entlang des Arbeitsplans beispielhaft an einem Papiermuster durch. Dazu benötigen Sie ein weiteres Blatt.

Notieren Sie, welche Aspekte gelungen und welche Aspekte weniger gelungen sind. Kennzeichnen Sie diese zusätzlich im Arbeitsplan.

Gut gelungen:

z. B. detailliert

Weniger gut gelungen:

z. B. nicht alle Längen angegeben

2. Lesen Sie sich die Anmerkungen zu Ihrem Arbeitsplan durch. Optimieren Sie, wenn nötig, Ihren Arbeitsplan.

3. Besprechen Sie im Plenum die Ergebnisse Ihrer jeweiligen Arbeitspläne. Erstellen Sie einen gemeinsamen, abgeglichenen Arbeitsplan.

4. Überprüfen Sie, welche Lernziele der Lernsituation Sie erreicht haben und kreuzen Sie die entsprechenden Kästchen an.

Lernsituation 3: Merkmale prüfen – die defekte Messuhr **LS3**

Merkmale prüfen – die defekte Messuhr

Betriebliche Ausgangssituation

Sie arbeiten im Bereich der Instandhaltung Ihres Unternehmens und sind für die Werkstätten und deren technische Anlagen, Einrichtungen und Werkzeuge zuständig. Der Leiter der Instandhaltungswerkstatt, Herr Dienst, kommt mit einer defekten Messuhr auf Sie zu. Diese wurde beim Einsatz auf einer CNC-Fräsmaschine durch Kollision mit dem Werkstück beschädigt. Herr Dienst beklagt, dass es nun schon wiederholt zu diesem Vorfall gekommen ist, trotz aller Vorsicht und Vorbeugung von Unfällen. So wurden bislang 13 Messuhren beschädigt.

Links: Der alte 90°-Messuhrhalter an einer CNC-Fräsmaschine; rechts: der neue Messuhrhalter

Von der Abteilung Produktentwicklung hat Herr Dienst bereits einen neuen Messuhrhalter im Entwurf erhalten, der in diesen Tagen als Prototyp hergestellt wird (in der Abbildung grün). Dieser soll mit dem alten Halter stirnseitig verschraubt werden. Der neue Halter besteht aus Kunststoff und hat unmittelbar neben der Aufnahmebohrung für die Messuhr eine Sollbruchstelle. Den Austausch der defekten Messuhren und die Prüfung der neuen Halter sollen die Auszubildenden übernehmen.

Arbeitsauftrag

Herr Dienst beauftragt Sie, die Auszubildenden für den Einsatz des neuen Messuhrhalters als Zubehör gezielt vorzubereiten. Die gefertigten Prototypen müssen geprüft werden. Dafür sind technische Zeichnungen zu lesen und ein Prüfplan zu erstellen. Die Auszubildenden sollen auch erkennen, wie sich das neue Zubehör im Schadensfall verhält. Außerdem sollen Sie die defekten Messuhren identifizieren und aus der Werkstatt entfernen. Um die Auszubildenden mit in die Verantwortung zu nehmen, sollen Sie den Austausch mit einem lösungsorientierten Dialog über die defekten Messuhren beginnen.

Bevor Sie strukturiert die Situation des Auftrags analysieren und sich informieren, befassen Sie sich zunächst orientierend mit allen Auftragsinhalten.

Erfüllen Sie folgende Anforderungen:

1. Analysieren Sie die Ausgangssituation und den Auftrag.
2. Beschaffen Sie sich die für den Auftrag relevanten Informationen.
3. Erstellen Sie einen Zeitplan für die Durchführung.
4. Führen Sie eine Kostenrechnung für den Ersatz der defekten Messuhren und für die Fertigung der neuen Messuhrhalter durch.
5. Schreiben Sie anhand einer Prüfzeichnung den Prüfplan für den Messuhrhalter.
6. Führen Sie mit einer oder einem anderen Auszubildenden einen Fachdialog zu defekten Messuhren.
7. Werten Sie die Lernsituation innerhalb Ihrer Lerngruppe mit einer Feedback-Methode aus.

LF1 Lernfeld 1:   Fertigen von Bauelementen mit handgeführten Werkzeugen

🔍 ANALYSIEREN

8. Halten Sie die Anforderungen z. B. in Form eines Taskboards schriftlich fest.

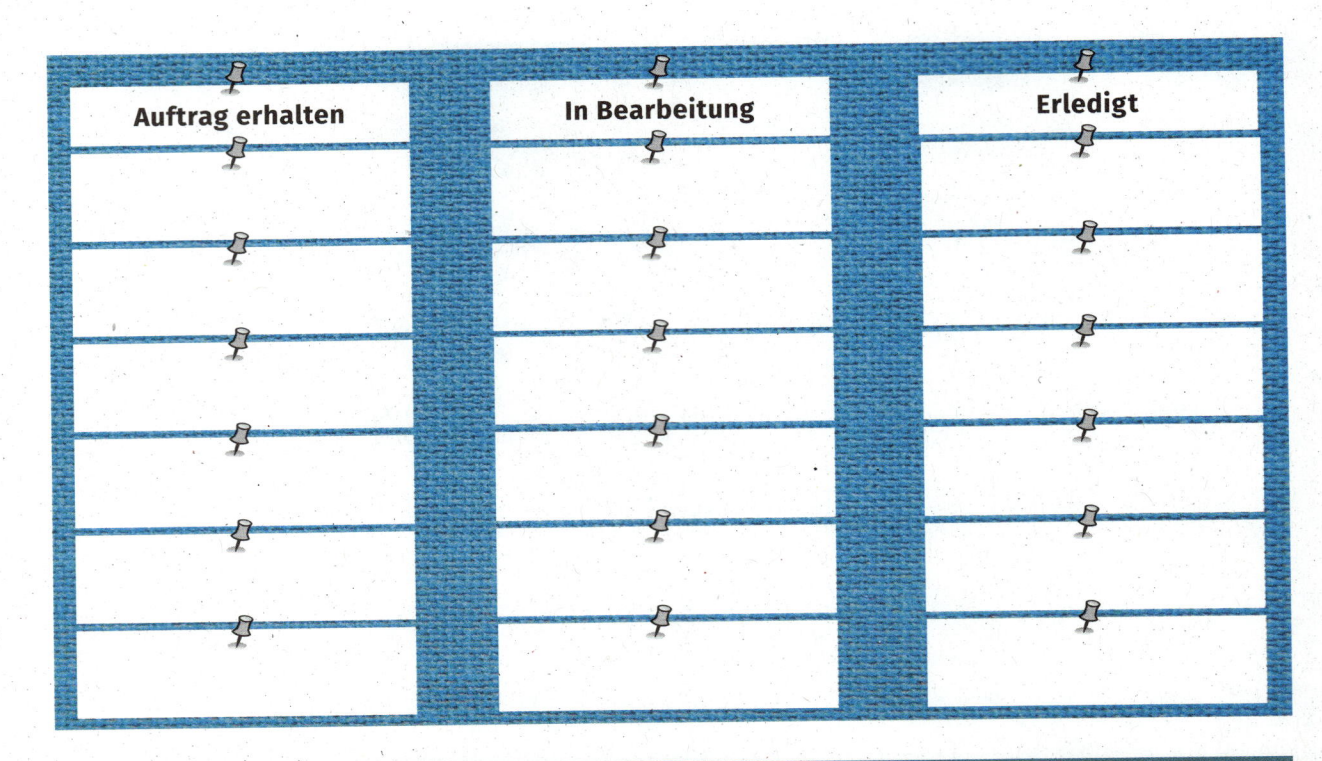

Auftrag erhalten	In Bearbeitung	Erledigt

Ziele der Lernsituation

Am Ende dieser Lernsituation können Sie…	✓
… die Bedeutung der Mess- und Prüftechnik für die Berufspraxis erläutern.	☐
… Auswahlkriterien für Prüfmittel wie Stahlmaßstab, Messschieber, Bügelmessschraube und Präzisions-Feinmessuhr berücksichtigen.	☐
… einen Messschieber als Prüfmittel beschreiben.	☐
… eine Präzisions-Feinmessuhr als Prüfmittel beschreiben.	☐
… einen Zeitplan erstellen.	☐
… Kosten auftragsbezogen berechnen.	☐
… einen Prüfplan schreiben.	☐
… einen Prüfauftrag auftragsbezogen vorbereiten und durchführen.	☐
… ein defektes Prüfmittel identifizieren.	☐
… ein Kundengespräch auftragsbezogen vorbereiten und durchführen.	☐
… Arbeitsergebnisse unter Verwendung digitaler Medien präsentieren.	☐
… Feedback zu einer Lernsituation geben und erhalten.	☐

Lernsituation 3: Merkmale prüfen – die defekte Messuhr **LS3**

INFORMIEREN

1. Welches Prüfmittel für welche Aufgabe?

1.1 Ordnen Sie den folgenden Prüfmitteln die entsprechende Norm und die Anwendung zu. Recherchieren Sie außerdem zu jedem Prüfmittel den Skalenteilungswert (Skw) sowie den Messbereich.

Folgende Normen müssen zugeordnet werden: DIN 862, DIN 863, DIN 866, DIN 878.

Folgende Anwendungen stehen zur Auswahl: Unterschiedsmessung, Lineal oder Absolutmessung.

Der Skalenteilungswert entspricht der Differenz zwischen den Messwerten zweier aufeinanderfolgender Teilstriche. Der Messbereich ist der auf dem Messgerät ausgewiesene Bereich der Messwerte, in dem die spezifizierten Fehlergrenzen eingehalten werden.

Stahlmaßstab Form A	Norm: Anwendung: Skw: Messbereich:	Messschieber Nonius	Norm: Anwendung: Skw: Messbereich:
Bügelmessschraube	Norm: Anwendung: Skw: Messbereich:	Präzisions-Kleinmessuhr, stoßgeschützt	Norm: Anwendung: Skw: Messbereich:

1.2 Erläutern Sie den allgemeinen Unterschied zwischen einer Absolutmessung (z. B. bei der Längenmessung) und einer Unterschiedsmessung (z. B. bei der Höhenmessung mit einer Messuhr).

_____
_____
_____
_____

Lernfeld 1: Fertigen von Bauelementen mit handgeführten Werkzeugen

2. Die Funktionseinheiten eines Messschiebers beschreiben

2.1 Beschriften Sie in der nachfolgenden Abbildung die markierten Funktionseinheiten des Messschiebers (Form A).

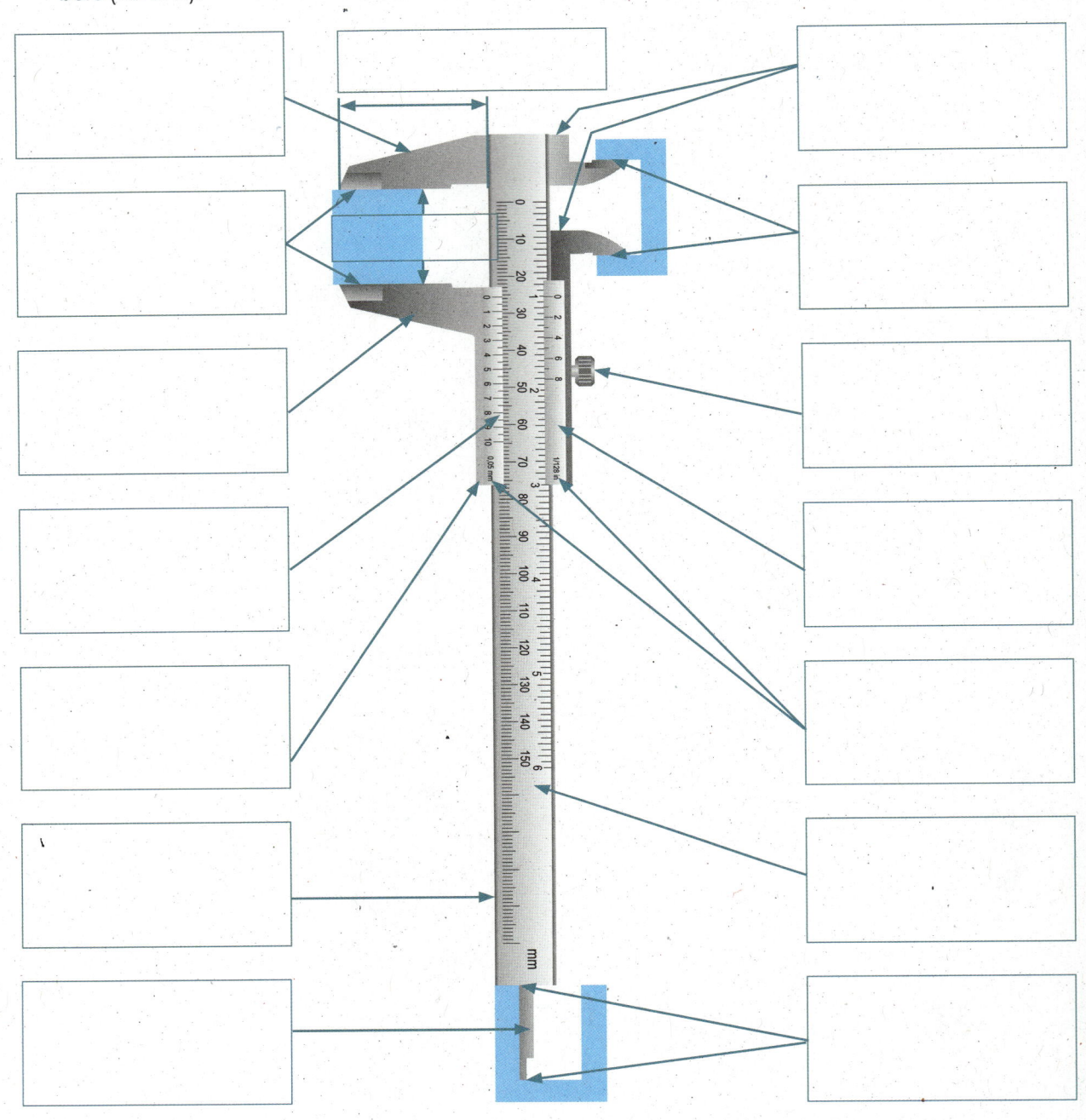

2.2 Erläutern Sie die drei Schritte zum Ablesen des Messwertes bei der Verwendung des Messschiebers (Form A) im Zusammenhang mit einer Tiefenmessung.

_____

_____

_____

Lernsituation 3:   Merkmale prüfen – die defekte Messuhr   **LS3**

_____
_____
_____
_____
_____
_____
_____

Detail des Messschiebers

3. Die Funktionseinheiten der Präzisions-Messuhr beschreiben

Hinweis: Als Informationsquelle für die folgende Aufgabe eignen sich Hersteller- oder Großhandelskataloge für Industriewerkzeuge.

3.1 Beschriften Sie die in der nachfolgenden Abbildung markierten Funktionseinheiten der analogen Präzisions-Messuhr 3/40 und ergänzen Sie die Spezifikationen. Ein Infoblatt zur Messuhr finden Sie in den Zusatzmaterialien (siehe QR-Code).

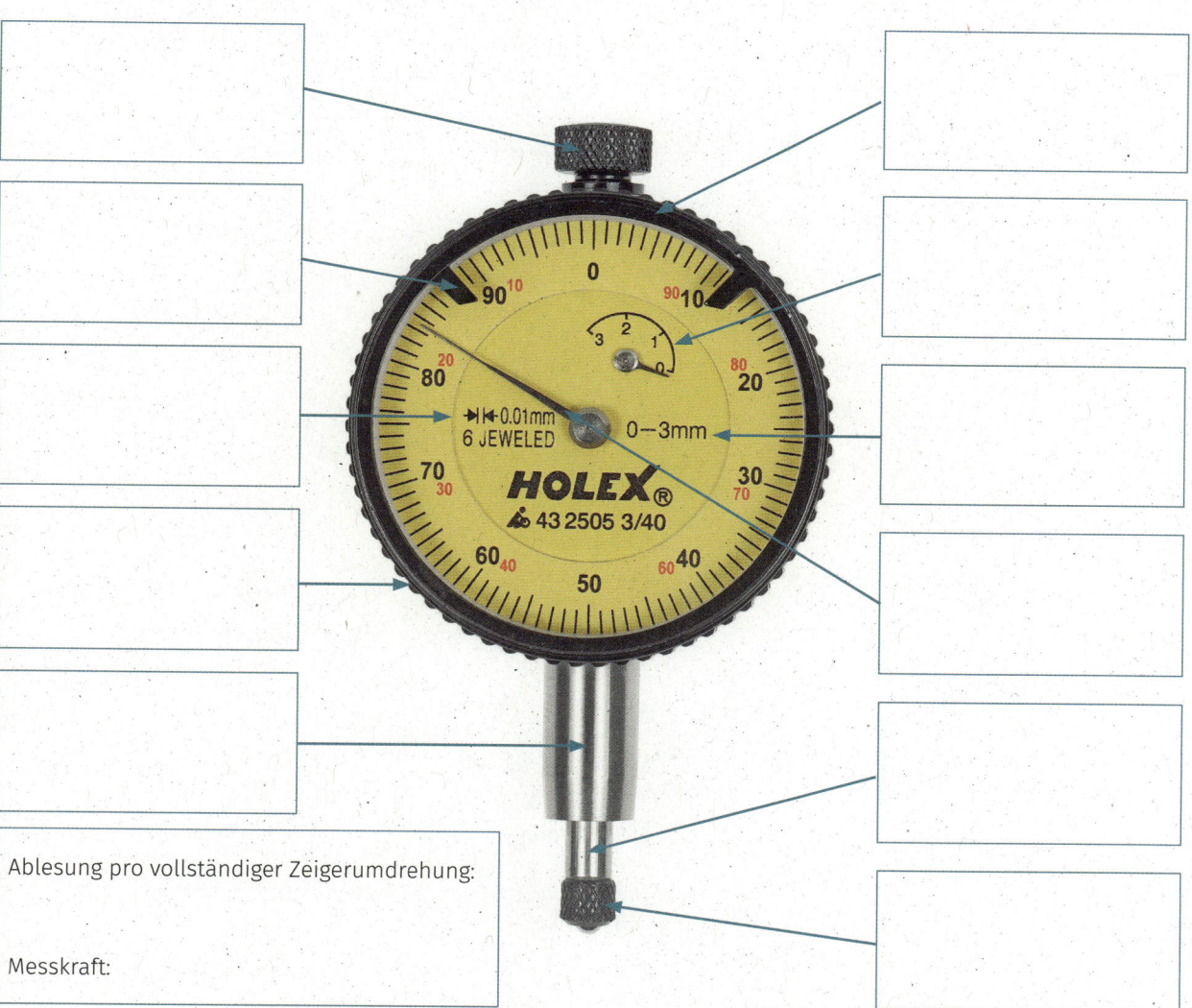

Ablesung pro vollständiger Zeigerumdrehung:

Messkraft:

35

LF1 — Lernfeld 1: Fertigen von Bauelementen mit handgeführten Werkzeugen

PLANEN

1. Legen Sie einen Zeitplan für die anschließende Durchführung fest. Berücksichtigen Sie dabei Ihren individuellen Bedarf für die Erstellung des Prüfplans, die Kostenrechnung, den Fachdialog und das Feedback zur Lernsituation. Überlegen Sie auch, welche Ressourcen Sie für die Durchführung benötigen. Wenn Sie spezielle Messgeräte, Werkstücke oder andere Räumlichkeiten benötigen, stimmen Sie deren Nutzung mit Ihrer Lehrkraft ab.

Lernsituation 3: Merkmale prüfen – die defekte Messuhr

1. Prüfplan Messuhrhalter

1.1 Ergänzen Sie den folgenden Prüfplan für die in der Prüfzeichnung eingetragenen Prüfmerkmale des Messuhrhalters. Prüfen Sie im Anschluss die Merkmale nach Möglichkeit selbst, um den Umgang mit den Prüfmitteln zu üben. Dokumentieren Sie Ihre Prüfergebnisse in einer Tabelle.

Eine Stelle des Bauteils ist als Sollbruchstelle ausgelegt, sodass bei einer Kollision nur hier ein Bruch erfolgen soll. Finden und markieren Sie die Stelle in der Zeichnung.

Prüfplan Messuhrhalter		Prüfplan-Nr.: 9 Blatt 1 von 1	
Bauteil-Nr.: 13 Bezeichnung: Messuhrhalter			
Teilansicht der Zeichnungsnummer: 2025-1011 (Darstellung nicht maßstäblich)			

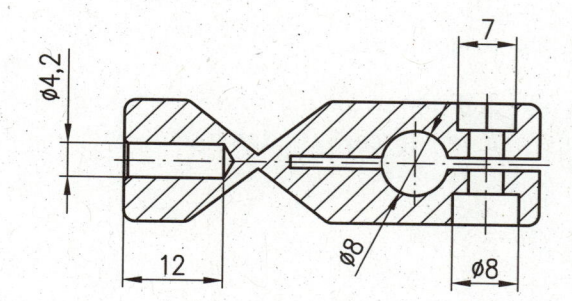

Lfd. Nr.	Prüfmerkmal	Prüfmittel	Prüfumfang	Methode	Bemerkung	Dokumentation
1	Bohrung durchgehend ø 8		n = 5		Nach Feinbearbeitung mit Handreibahle	
2						
3						
4						
5						

Zur Prüfmethode:
1 = Werker-Selbstprüfung
2 = Abt. Qualitätssicherung
3 = Messraum

V = variables Merkmal
A = attributives Merkmal
n = Stichprobenumfang

Erstellt:	Meyer	Freigegeben:	Schmied	
Datum:	06.01.2025	Verteiler/-in:	Sari, Dienst, Schmied, Meyer	

LF1 — Lernfeld 1: Fertigen von Bauelementen mit handgeführten Werkzeugen

1.2 In einer älteren Zeichnung finden Sie als Hinweis auf die Allgemeintoleranzen die Angabe ISO 2768-m. Benennen Sie die Toleranzklasse, die hier für die Prüfmerkmale anzuwenden ist, und geben Sie für die Prüfmerkmale die Grenzabmaße in mm an.

Toleranzklasse: _____

Nennmaß 7 _____

Nennmaß 12 _____

Nennmaß 4,2 _____

Nennmaß 8 _____

1.3 Ein Kollege weist Sie darauf hin, dass die Angabe der Allgemeintoleranzen nicht mehr nach ISO 2768 angegeben wird. Nach welcher Norm erfolgt aktuell die Angabe von Allgemeintoleranzen?

_____

🛠 DURCHFÜHREN

1. Kostenrechnung für den Ersatz der defekten Messuhren

1.1 Recherchieren Sie den Katalogpreis einer Messuhr und führen Sie die Kostenrechnung für die Beschaffung von 13 neuen Messuhren für Ihr Unternehmen durch. Es gelten die folgenden Einkaufs- und Lieferbedingungen:

Großkundenrabatt: 5 %; Versandkosten Standardversand: 10,00 €

Berechnen Sie im Einzelnen:

a) Rabatt pro Messuhr

b) Preis pro Messuhr

c) Gesamtkosten für 13 Messuhren

d) Gesamtbetrag inkl. Versandkosten

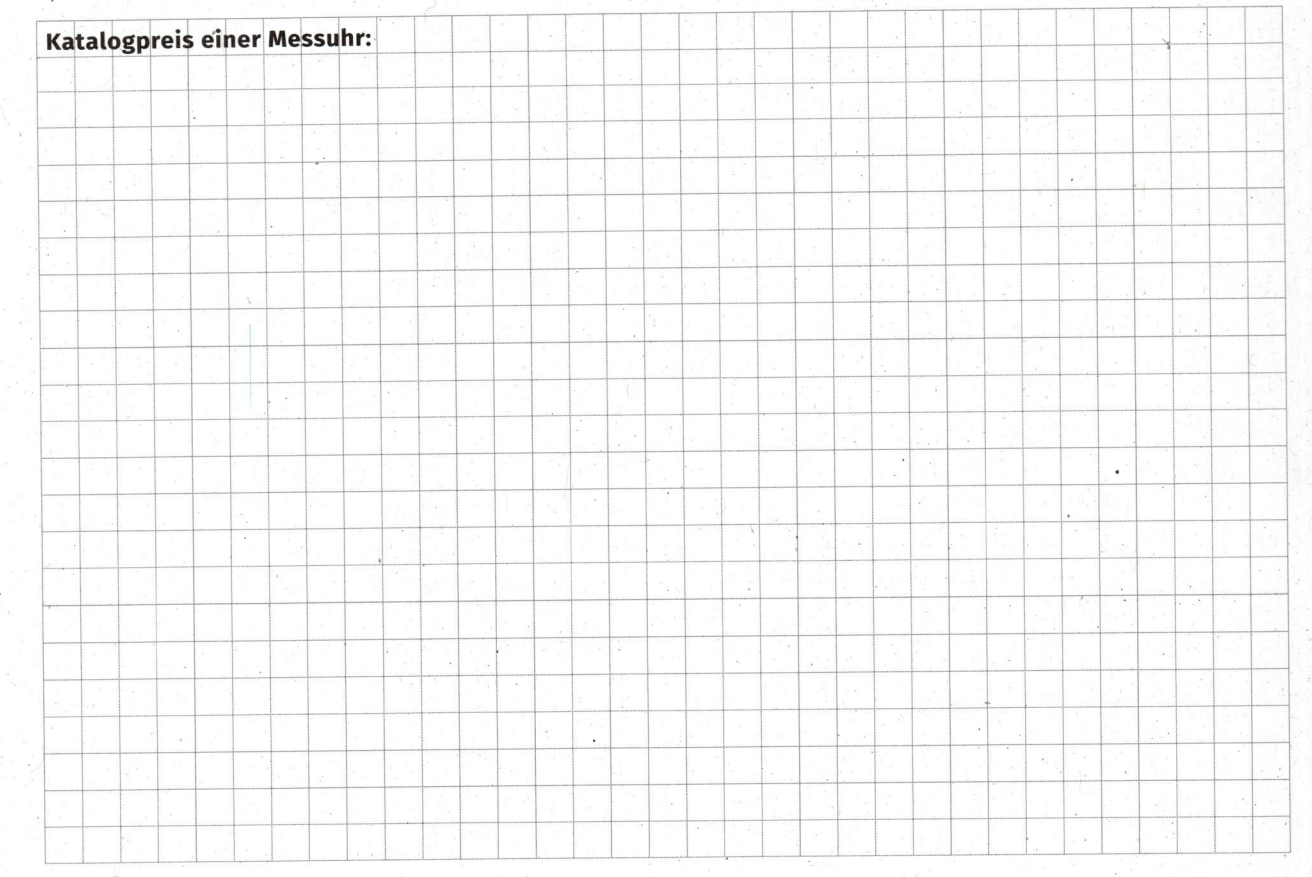

Katalogpreis einer Messuhr:

Lernsituation 3: Merkmale prüfen – die defekte Messuhr

LS3

1.2 Sie möchten sich beim gleichen Hersteller eine einzelne Messuhr für die private Nutzung zu Hause kaufen. Als Privatperson erhalten Sie keinen Großkundenrabatt, aber die gleichen Lieferbedingungen. Führen Sie die Kostenrechnung für die Beschaffung einer Messuhr als Privatperson durch. Berücksichtigen Sie dabei die geltende Mehrwertsteuer.

Berechnen Sie im Einzelnen:
a) Preis pro Messuhr
b) Gesamtkosten für die Messuhr als Privatperson
c) Gesamtbetrag inkl. Versandkosten

2. Kostenrechnung für die neuen Messuhrhalter

2.1 Machen Sie sich mit der Zuschlagskalkulation vertraut. Beantworten Sie hierfür zunächst die folgenden Fragen:

Wie beeinflusst die Zuschlagskalkulation die Preisbildung für ein Produkt?

_____
_____
_____

Welche vier Hauptkostenstellen sind unmittelbar an der Herstellung und dem Verkauf von Produkten beteiligt?

_____
_____

Was sind typische Kosten für Material und Fertigung, die in der Zuschlagskalkulation berücksichtigt werden?

_____
_____

Lernfeld 1: Fertigen von Bauelementen mit handgeführten Werkzeugen

2.2 Bei der Eigenfertigung der neuen Messuhrhalter entsprechen die Auftragskosten dem Selbstkostenpreis. Da sich die Lohnkosten der beiden Fertigungskostenstellen (Sonderfertigung und Montage) unterscheiden, werden sie hier als Kostenstellen getrennt betrachtet.

Berechnen Sie anhand der gegebenen Kosten und Zuschlagssätze die Selbstkosten für 13 Messuhrhalter aus den anfallenden Einzel- und Gemeinkosten:

Materialkosten = 2,14 € (Material + Lagerhaltung)
Zeit für den Auftrag (Fertigung 1: Sonderfertigung): 1 h (ohne Maschinenzeit)
Zeit für den Auftrag (Fertigung 2: Montage): 0,5 h
Lohnkosten (Fertigung 1): 39,50 €/h
Lohnkosten (Fertigung 2): 37,30 €/h
Gemeinkostensätze: 22 % (Material), 112 % (Fertigung 2), 237 % (Fertigung 1), 12 % (Verwaltung)

Kostenstelle	Einzelkosten	Gemeinkosten	Summe
Material	13 · 2,14 € =		
Fertigung 1			
Fertigung 2			
Herstellkosten			
Verwaltung		12 %	
Selbstkosten			

Formulieren Sie einen Antwortsatz zur Höhe der Selbstkosten.

---

3. Fachdialog mit einer/einem anderen Auszubildenden

3.1 Bereiten Sie einen Dialog zwischen Herrn Sari, dem Leiter der Ausbildungswerkstatt, und der Auszubildenden Lisa vor. Gegenstand des Gesprächs ist eine defekte Messuhr. Im Gesprächsverlauf soll Herr Sari die Merkmale aufzeigen, an denen man eine defekte Messuhr erkennen kann.

Herr Sari beauftragt Lisa, die defekten Messuhren zu identifizieren und aus der Werkstatt zu entfernen. Zuletzt weist er sie an, die neuen Messuhrhalter zu verwenden. Vervollständigen Sie hierfür den nachfolgenden Dialog.

Szene: Herr Sari betritt die Ausbildungswerkstatt des Unternehmens für die metalltechnischen Berufe. Die Auszubildende Lisa (1. Ausbildungsjahr zur Werkzeugmechanikerin) tritt an ihn heran. Auf dem Arbeitstisch liegt eine Präzisionsmessuhr mit eingeschobenem Messbolzen (siehe Foto).

Lisa: Guten Morgen, Herr Sari. Ich habe hier eine defekte Präzisionsmessuhr gefunden und möchte Sie um Rat fragen. Können Sie mir helfen?

Herr Sari: Guten Morgen, Lisa. Natürlich, sehr gerne. Zeigen Sie mal her.

(Lisa zeigt ihm die Messuhr.)

Herr Sari: Danke, ich sehe schon.

Lernsituation 3: Merkmale prüfen – die defekte Messuhr **LS3**

Beschreiben Sie das Fehlerbild eines schwergängigen Messbolzens.
_____
_____
_____
_____

Lisa: Ja, genau. Außerdem fühlt sich der Drehring etwas schwergängig an. Das Gehäuse ist aber heil, kann ich die Messuhr weiterhin verwenden?

Herr Sari: Nein, das geht nicht.

Erklären Sie, warum es wichtig ist, die defekte Messuhr nicht weiter zu verwenden.
_____
_____

Lisa: Woran kann ich denn generell erkennen, ob eine Messuhr defekt ist?

Herr Sari: Die Schwergängigkeit einzelner Teile, wie bei dieser Uhr, sind schon eindeutige Hinweise. Aber es gibt noch mehr.

Erklären Sie drei weitere Merkmale, an denen Sie eine defekte Messuhr erkennen können.
_____
_____
_____
_____
_____
_____
_____
_____

Lisa: Das sind wirklich hilfreiche Infos, vielen Dank. Kann man die defekte Uhr denn reparieren?

Herr Sari: Das hängt von dem genauen Defekt ab. Manchmal ist eine Reparatur möglich, z. B. wenn ein Zeiger nur verklemmt ist. Dann bekommt unsere Instandhaltung in der Mess- und Prüftechnik das oft wieder hin. Bei schwerwiegenden mechanischen Defekten ist es meist besser, die Messuhr zu tauschen. Wie ist das denn dazu gekommen?

Nennen Sie eine Vermutung, welche Ursache hinter dem vorliegenden Defekt steckt.
_____
_____

Lisa: Ja, leider. Ich habe Herrn Dienst (Leiter der Instandhaltungswerkstatt) auch bereits Bescheid gesagt.

Herr Sari: Er hat auch mit mir gesprochen. Sie werden hier in der Fertigung ab sofort nur noch die neuen Messuhrhalter einsetzen, damit sie in Zukunft heile bleiben. Bis dahin, sortieren Sie bitte gemeinsam mit Ihren Teamkolleginnen und -kollegen die defekten Messuhren aus. Die Merkmale kennen Sie ja nun.

Lernfeld 1: Fertigen von Bauelementen mit handgeführten Werkzeugen

Lisa: Ja, und die werde ich mir gut merken und bei der zukünftigen Arbeit mit den Messuhren darauf achten. Vielen Dank für Ihre Hilfe, Herr Sari.

Herr Sari: Sehr gerne, kein Problem. Sie können mich jederzeit fragen.

AUSWERTEN

1. Erarbeiten Sie Feedbackregeln in Ihrer Lerngruppe, um die Methode im Anschluss konstruktiv, respektvoll und effektiv durchführen zu können.

Mögliche Feedbackregeln, die es zu vereinbaren gilt:

_____
_____
_____
_____
_____
_____
_____
_____
_____
_____
_____
_____
_____
_____

Sie können die Regeln in Ihrem Lernraum z. B. als Plakat für alle gut sichtbar aufhängen. Da es um eine gemeinsame Vereinbarung geht, sollte jede Person aus der Lerngruppe durch ihre Unterschrift kenntlich machen, diese zu akzeptieren.

Lernsituation 3: Merkmale prüfen – die defekte Messuhr **LS3**

2. Führen Sie zur Auswertung der Lernsituation eine Feedbackrunde in Ihrer Lerngruppe durch, z. B. in Form eines Team-Feedbacks. Bilden Sie hierfür kleinere Teams und arrangieren Sie ebenso viele Gruppentische.
Nutzen Sie die folgenden Themenfelder, um sich in den Feedbackrunden untereinander auszutauschen:

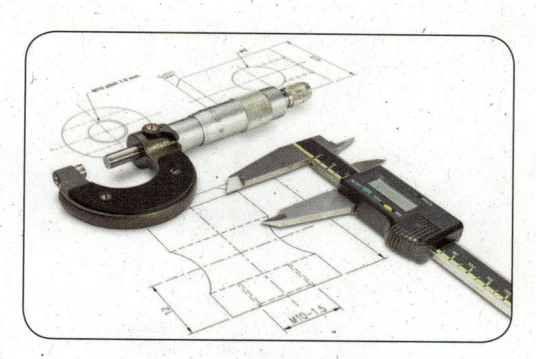

Geeignete Prüfmittel auswählen

Informationen beschaffen

Prüfpläne und Prüfprotokolle erstellen

Fertigungskosten überschlägig ermitteln

LF1 — Lernfeld 1: Fertigen von Bauelementen mit handgeführten Werkzeugen

Herstellen einer Halterung für technische Unterlagen

Betriebliche Ausgangssituation

In Ihrem Betrieb wird eine Fräsmaschine von neuen Fachkräften zur Einarbeitung und von Auszubildenden zur Prüfungsvorbereitung genutzt.

Der Ausbildungskoordinator Stephan Friedrichsen ist unzufrieden mit der Aufbewahrung der technischen Unterlagen, die unsortiert mit Magneten an der Maschine befestigt sind (siehe Pfeil im Bild). Es ist schon häufiger vorgekommen, dass Unterlagen auf den Boden gefallen sind, beschädigt wurden und ersetzt werden mussten.

Er beauftragt Sie, eine Halterung anzufertigen, die an vorhandenen Bohrungen an der Verkleidung der Fräsmaschine angeschraubt werden soll. Sie sollen dafür mehrere Stücke Stahlblechreste aus der Fertigung nutzen.

Sie nutzen ausschließlich handgeführte Werkzeuge, um die Halterung herzustellen, dazu zählen auch eine Abkantbank, eine Hebelblechschere sowie eine Hebellochstanze. Andere Betriebsmittel sind aufgrund der hohen Auftragslage momentan nicht verfügbar. Für die Verbindung der Einzelteile und die Befestigung an der Verkleidung stehen Gewindeschrauben mit Muttern und Blechschrauben in verschiedenen Größen zur Verfügung.

Entnehmen Sie die Vorgaben für die Halterung den unten beschriebenen konkreten Anforderungen. Unter Einhaltung der Vorgaben sind Sie ansonsten frei in der Gestaltung Ihrer Halterung.

Folgende Materialien können Sie nutzen:

4x Stahlblech 1 (rechtwinkliges Dreieck: Höhe 270, Breite 175)

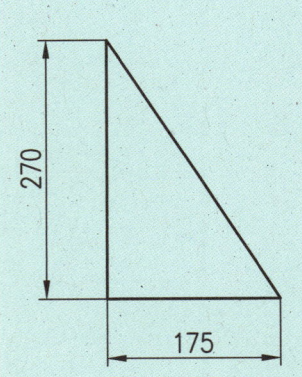

3x Stahlblech 2 (Rechteck: Höhe 320, Breite 310)

Die Blechdicke beträgt jeweils $t = 1{,}5$.

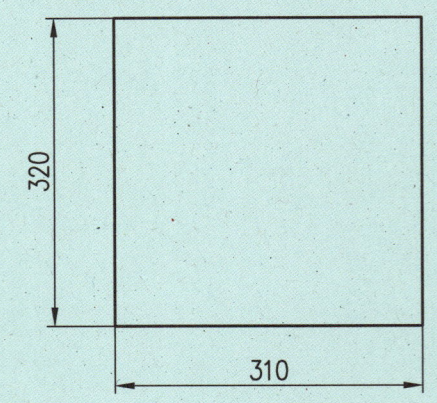

Arbeitsauftrag

Planen und zeichnen Sie eine Halterung für die technischen Unterlagen unter Berücksichtigung der konkreten Anforderungen. Erstellen Sie einen Arbeitsplan zur Herstellung der Halterung (inkl. Maßnahmen zur Unfallverhütung und zum Umweltschutz).

Lernsituation 4:   Herstellen einer Halterung für technische Unterlagen   **LS4**

Erfüllen Sie folgende Anforderungen:

1. Planen und Zeichnen der Halterung unter folgenden Vorgaben:
   - Verarbeitung der Bleche 1 und 2,
   - DIN-A4-Unterlagen müssen ungefaltet in die Halterung hineingestellt werden können.

2. Dokumentation in Form eines Portfolios (analog oder digital)
   Inhalt: Arbeitsplan mit eingesetzten Werkzeugen und Maßnahmen zum Arbeits- und Umweltschutz, technische Zeichnung mit normgerechten Bemaßungen, Checkliste zur Überprüfung der Einhaltung der Anforderungen

3. Präsentation der Arbeitsergebnisse in einem Fachgespräch

🔍 ANALYSIEREN

1. Brainstorming: Unterstreichen Sie was Sie kennen oder können müssen, um den Arbeitsauftrag erfüllen zu können.

Stahlbezeichnungen   Handgeführte Werkzeuge kennen   Biegevorrichtung

Bemaßungen   Anreißen   Gewinde schneiden   Messschieber

Bohrungsdurchmesser bestimmen   Skizzen anfertigen   Hebellochstanze

Technische Zeichnung auswerten   DIN-Normen für Zeichnungen

Hebelschere benutzen   3D-Zeichnung anfertigen   Schweißnähte prüfen

SPS   DIN-A4-Maße   Verbindungsarten   Abkantbank

2. Schreiben Sie nun stichwortartig auf, worüber Sie sich informieren müssen, um den Auftrag erfüllen zu können.

_____
_____
_____
_____
_____
_____
_____
_____
_____
_____

LF1 — Lernfeld 1: Fertigen von Bauelementen mit handgeführten Werkzeugen

Ziele der Lernsituation

Am Ende dieser Lernsituation können Sie...	✓
... fachgerecht eine technische Zeichnung als Abwicklung und einen Arbeitsplan erstellen.	☐
... den Aufbau, die Funktion und die Arbeitsweise einer Abkantbank erläutern.	☐
... Arbeitsergebnisse präsentieren.	☐
... ein Fachgespräch mit anderen Auszubildenden und der Lehrkraft führen.	☐

INFORMIEREN

1. Abmaße der Halterung

1.1 Welche Maße hat ein DIN-A4-Blatt?

1.2 Welchen Anforderungen muss die anzufertigende Halterung gerecht werden? Füllen Sie die leeren Felder in der Tabelle aus, berücksichtigen Sie auch Mindestmaßangaben und begründen Sie jeweils die Anforderung.

Anforderung	Maße	Begründung
Mindesthöhe		
Mindesttiefe	70–110 mm	
		DIN-A4-Papier hat eine Breite von 210 mm. Mit etwas mehr Platz ist auch das Verstauen des breiteren Klemmbrettes möglich.
Keine Rückwand	–	
Keine scharfen Kanten, Halterung soll aus der Ferne deutlich sichtbar sein	–	

Lernsituation 4: Herstellen einer Halterung für technische Unterlagen

LS4

2. Hebelblechschere und Hebellochstanze

2.1 Stellen Sie den Anwendungsbereich von Hebelblechscheren und von Hebellochstanzen dar.

_____
_____

2.2 Nennen Sie Schutzmaßnahmen, die bei der Nutzung von handbetriebenen Hebelscheren und -stanzen eingehalten werden müssen.

_____
_____
_____

3. Abkantbank

3.1 Was ist eine Abkantbank und wofür wird sie verwendet?

_____
_____
_____

3.2 Nennen Sie drei typische Arbeitsschutzmaßnahmen bei der Nutzung der Abkantbank.

_____
_____
_____
_____

3.3 Stellen Sie eine Abkantbank aus Ihrer Firma vor.

a) Foto oder Skizze mit Beschriftungen

LF1 Lernfeld 1:   Fertigen von Bauelementen mit handgeführten Werkzeugen

b) Notwendige technische Angaben

_____

_____

_____

c) Hauptmerkmale oder Funktionsbeschreibung

_____

_____

_____

_____

_____

📋 PLANEN

1. Erstellen Sie eine Mind-Map zu der Frage: „Was muss ich bei der Herstellung der Halterung für technische Unterlagen beachten"?

Lernsituation 4: Herstellen einer Halterung für technische Unterlagen

LS4

2. In der Verkleidung der Fräsmaschine sind bereits 3 mm-Bohrungen vorhanden, die zur Befestigung genutzt werden sollen (Lochbild und Maße s. Skizze). Hinter der Verkleidung besteht ein freier Raum von 25 mm Tiefe. Wählen Sie geeignete Blechschrauben für die Befestigung der Ablage aus.

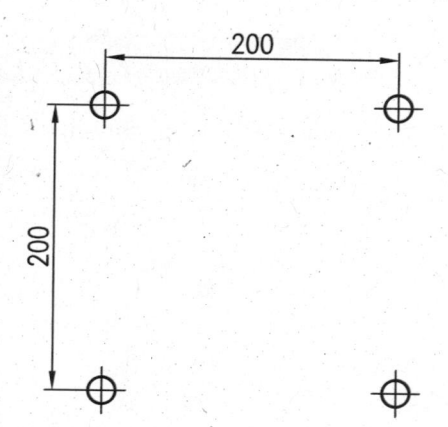

_____

_____

_____

3. Erstellen Sie eine Handskizze, wie Ihre Halterung aussehen könnte.

4. Überprüfen Sie Ihre Skizze, indem Sie in Originalgröße einen Prototyp der Ablage aus Pappe erstellen. Vergleichen Sie im Anschluss Ihre Prototypen und optimieren Sie gegebenenfalls.

5. Um Schnittverletzungen zu vermeiden, müssen die Blechkanten mit einem Kantenschutz versehen werden. Recherchieren Sie mögliche Optionen und wählen Sie eine Lösung aus.

_____

_____

LF1 — Lernfeld 1: Fertigen von Bauelementen mit handgeführten Werkzeugen

🛠 DURCHFÜHREN

1. Erstellen Sie nun Zeichnungen der Einzelteile Ihrer Halterung als Abwicklung im Maßstab 1:2.

Bezeichnung:

Datum:	Name:	Zeichnungsnummer:	Blatt Nummer:

Lernsituation 4: Herstellen einer Halterung für technische Unterlagen

2. Erstellen Sie einen Arbeitsplan für die Herstellung der Halterung für technische Unterlagen.

Arbeitsplan für die Herstellung einer Halterung für technische Unterlagen, DIN A4			
Blatt	Zeichnungs-/Dokumentnummer:	Datum:	Bearbeiter/-in:
Nr.:	Arbeitsschritt/Tätigkeit	Werkzeug, Material, Hilfsstoff	Bemerkungen, technologische Daten, Arbeitssicherheit/Umweltschutz

LF1 — Lernfeld 1: Fertigen von Bauelementen mit handgeführten Werkzeugen

AUSWERTEN

1. Entwickeln Sie gemeinsam mit den anderen Auszubildenden in Ihrer Klasse eine Checkliste zur Überprüfung Ihrer hergestellten Halterung. Nutzen Sie diese, um die Qualität der Halterung zu überprüfen.

Checkliste: Dokumentenhalterung	Beurteilung (ja/nein)

Präsentieren Sie nun Ihrer Ergebnisse.

2. Stellen Sie Ihr Portfolio zusammen und überprüfen Sie ein letztes Mal, ob alles enthalten ist, was gefordert wurde. Erstellen Sie hier eine Liste aller notwendigen Inhalte.

Der nebenstehende QR-Code führt Sie zu einem Beispiel für ein Portfolio.

_____
_____
_____
_____
_____
_____
_____
_____
_____
_____
_____

3. Geben Sie Ihr Portfolio zusammen mit der angefertigten Halterung zur Bewertung bei Ihrer Lehrkraft ab.

LF 2

Fertigen von Bauelementen mit Maschinen

Im Lernfeld 2 sollen Arbeitsaufträge bearbeitet werden, die maschinelle Fertigungsverfahren behandeln. Dazu werden die Verfahren auf Bauteile angewendet, die in der Werkstatt bzw. Produktion eine relevante Funktion erfüllen.

Kleine Bauteile, die überschaubar zu fertigen sind, können eine wichtige Rolle hinsichtlich der Funktion einer Maschine spielen. Ein Beispiel dafür ist das Druckstück, welches ein entscheidendes Bauteil einer Holzbearbeitungsmaschine darstellt.

In der zweiten Lernsituation ist die Herstellung eines Austauschteils zur Instandsetzung eines 3D-Druckers Thema.

In der Werkstatt werden häufig Hilfsmittel zur Erleichterung einer Tätigkeit benötigt. Ein Beispiel dafür wird in der dritte Lernsituation betrachtet.

Lernsituation	Seite	Erledigt
LS1 Anfertigung eines Druckstückes mit Bohrungen und Gewinde	56	☐
LS2 Fertigen und Montieren einer Druckplatte an einem 3D-Drucker	67	☐
LS3 Herstellen einer Spannbuchse	84	☐

LF2 Lernfeld 2: Fertigen von Bauelementen mit Maschinen

Anfertigung eines Druckstückes mit Bohrungen und Gewinde

Betriebliche Ausgangssituation

In der Produktion fehlen für die Fertigstellung einer Holzbearbeitungsmaschine mehrere Druckstücke für verschiedene Konsolen. Die Werkstattmeisterin Carina Hansen beauftragt Sie, drei der fehlenden Druckstücke herzustellen. Im Lager liegen Reste eines Flachstahls aus Baustahl S235JR. Einer der Flachstähle hat eine Restlänge von 240 mm und einer eine Restlänge von 150 mm. Um Material zu sparen und keine unnötigen Entsorgungskosten entstehen zu lassen, sollen Sie diese Reststücke nutzen, um die drei Druckstücke herzustellen.

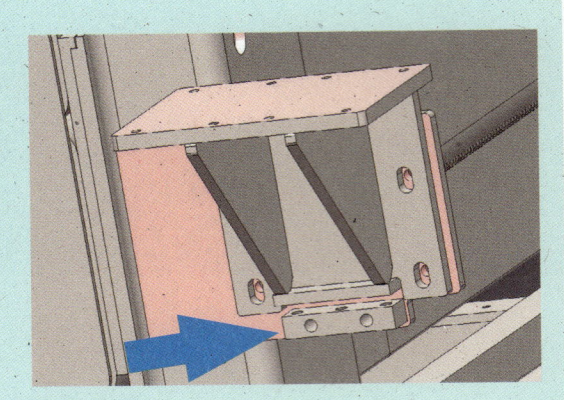

Die technischen Zeichnungen mit den entsprechenden Maßen liegen vor.

Für die Herstellung der Druckstücke müssen Sie bohren und Gewinde schneiden. Um dies fachgerecht erledigen zu können, sind entsprechende Grundkenntnisse erforderlich.

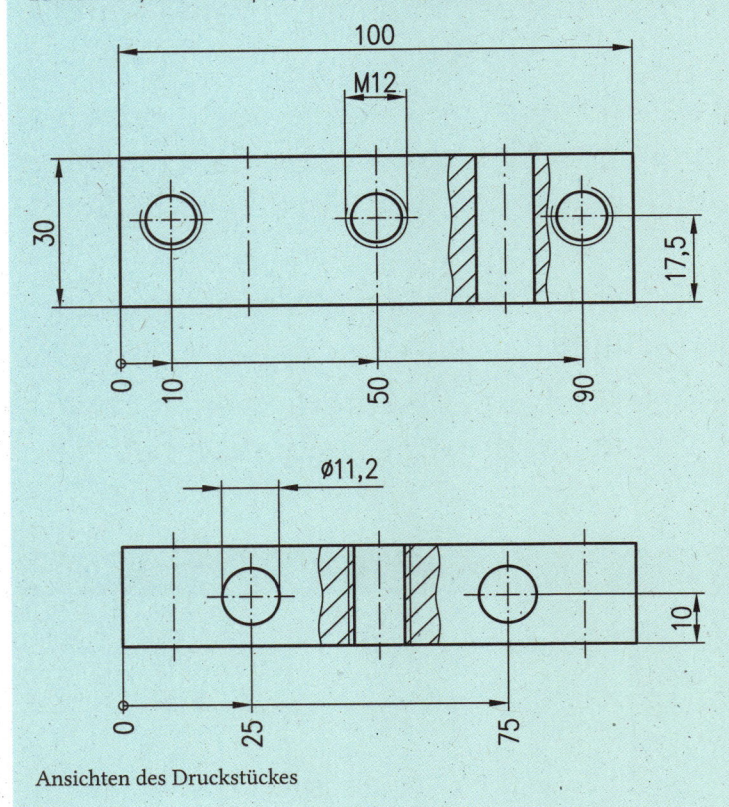

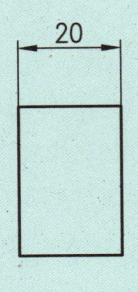

Ansichten des Druckstückes

Hinweis: Bei der Bemaßung handelt es sich um eine funktionsbezogene Bemaßung. Diese erfolgt aufsteigend.

Arbeitsauftrag

Erstellen Sie zur Vorbereitung auf die Herstellung der Druckstücke einen Arbeitsplan unter Berücksichtigung geeigneter Maßnahmen zur Unfallverhütung und zum Umweltschutz. Berechnen Sie die benötigten Einstellwerte zum Bohren und beschreiben Sie die Arbeitsgänge beim Gewindeschneiden am Beispiel „Innengewinde M12".

Lernsituation 1: Anfertigung eines Druckstückes mit Bohrungen und Gewinde

LS1

Erfüllen Sie folgende Anforderungen:

1. Erstellen Sie einen Arbeitsplan, dokumentieren Sie die berechneten Einstellwerte und erstellen Sie eine Beschreibung der notwendigen Arbeitsschritte beim Gewindeschneiden für ein Innengewinde M12.

   - Dokumentation in Form eines Portfolios (digital oder analog)
     Inhalt: Arbeitsplan mit Maßnahmen zum Arbeits- und Umweltschutz, Berechnungen der benötigten Einstellwerte, Beschreibung der Arbeitsgänge beim Gewindeschneiden am Beispiel „Innengewinde M12"

   - Präsentation der Arbeitsergebnisse, Fachgespräch

ANALYSIEREN

1. Brainstorming: Nutzen Sie die vorbereiteten Kästen mit den Handlungsphasen, um Ihre Vorüberlegungen zu dem Arbeitsauftrag zu ordnen:

   Analysieren/Fragen

   Informieren

   Planen

   Durchführen/Kontrolle

   Dokumentation/Präsentation

LF2 — Lernfeld 2: Fertigen von Bauelementen mit Maschinen

Ziele der Lernsituation

Am Ende dieser Lernsituation können Sie...	✓
... fachgerecht einen Arbeitsplan zur Herstellung der Druckstücke erstellen.	☐
... Einstellwerte an der Standbohrmaschine für Kernlochbohrungen und Durchgangsbohrungen ermitteln.	☐
... die Anwendung von z.B. Körner, Anreißnadel, Metallbügelsäge, Feile und Ständerbohrmaschine fachgerecht beschreiben.	☐
... den Vorgang Gewindeschneiden am Beispiel „Innengewinde M12" fachgerecht erklären.	☐
... Arbeitsergebnisse präsentieren.	☐
... ein Fachgespräch mit anderen Auszubildenden und der Lehrkraft führen.	☐

INFORMIEREN

1. Überblick

Kreuzen Sie die notwendigen Fähigkeiten an, um Ihren Arbeitsauftrag fachgerecht bearbeiten zu können.

Zur Ermittlung der Einstellwerte beim Bohren das Tabellenbuch nutzen	☐
Das Funktionsprinzip einer Schlagbohrmaschine beschreiben	☐
Unter Beachtung der UVV fachgerecht einen Trennschleifer bedienen	☐
Das Anreißen von Konturen und Bohrungsmittelpunkten durchführen	☐
Fachgerecht die Metallsäge verwenden	☐
Fachgerecht eine Kernlochbohrung anfertigen	☐
Fachgerecht eine Feile verwenden	☐
Das Programmieren von CNC-Maschinen beherrschen	☐
Fachgerecht Innengewinde fertigen	☐
Werkstoffeigenschaften der herzustellenden Werkstücke beschreiben	☐

Lernsituation 1: Anfertigung eines Druckstückes mit Bohrungen und Gewinde **LS1**

2. Gewinde

2.1 Vervollständigen Sie die folgende Tabelle mithilfe des Tabellenbuches.

Metrisches ISO-Gewinde		
Gewindenenndurchmesser	Kernlochdurchmesser	Sechskantschlüsselweite
		10
	26,5	
M8		
	17,5	
		18

2.2 Benennen Sie die dargestellten Werkzeuge, die Sie zum Gewindeschneiden benötigen und erläutern Sie jeweils kurz ihre Funktion.

Werkzeuge zum Gewindeschneiden

Nummer	Bezeichnung	Funktion
1		
2		

LF2 Lernfeld 2: Fertigen von Bauelementen mit Maschinen

3		
4		
5		
6		
7		

3. Einstellwerte beim Bohren

Was sind Einstellwerte beim Bohren und was müssen Sie bei der Ermittlung der Einstellwerte beachten?

_____
_____
_____
_____
_____
_____
_____

Lernsituation 1: Anfertigung eines Druckstückes mit Bohrungen und Gewinde

LS1

📋 PLANEN

1. Bemaßungen

1.1 In der Beschreibung der Ausgangssituation stehen nur die Längen des Halbzeuges. Welchen Querschnitt müssen diese Reste haben?

_____

1.2 Welchen Durchmesser müssen Kernlochbohrungen für ein M12-Innengewinde haben?

_____

1.3 Wofür ist in der Darstellung des Druckstückes das Maß 17,5 angegeben?

_____
_____
_____
_____

2. Vorgehen/Reihenfolge

2.1 Nummerieren Sie die stichwortartigen Angaben über das Vorgehen, sodass eine sinnvolle Abfolge als erste Grundlage für den Arbeitsplan entsteht.

Nummerierung	Vorgehen bei der Herstellung der Druckstücke
	Arbeitsplatz aufräumen und reinigen, Späne fachgerecht entsorgen.
	Mittelpunkte aller Bohrungen anreißen.
	Anreißen der Längen am Flachstahl.
	Gewindeschneiden in die Kernlochbohrungen M12.
	Bohrungsmittelpunkte mit dem Körner markieren.
	Jeweils Drehzahl für die Bohrungen einstellen und bohren.
	Die Kanten nach dem Sägen entgraten.
	Alle Maße prüfen.
	Drehzahlen für die Kernlochbohrung und Durchgangsbohrung berechnen.
	Zeichnung analysieren und Rohteilmaße prüfen.
	Flachstahlrohteile jeweils fest einspannen.
	Bohrungen senken.
	Sägen der Rohteile mit Metallbügelsäge.

LF2 — Lernfeld 2: Fertigen von Bauelementen mit Maschinen

2.2 Erstellen Sie eine grafische Übersicht bzw. Concept Map zur Beantwortung der Frage: „Was muss ich bei der Bearbeitung meines Arbeitsauftrages beachten?"

🛠 DURCHFÜHREN

1. Vorbereitung der Herstellung der Druckstücke

1.1 Beschreiben Sie ausführlich, wie Sie die M12-Innengewinde herstellen wollen.

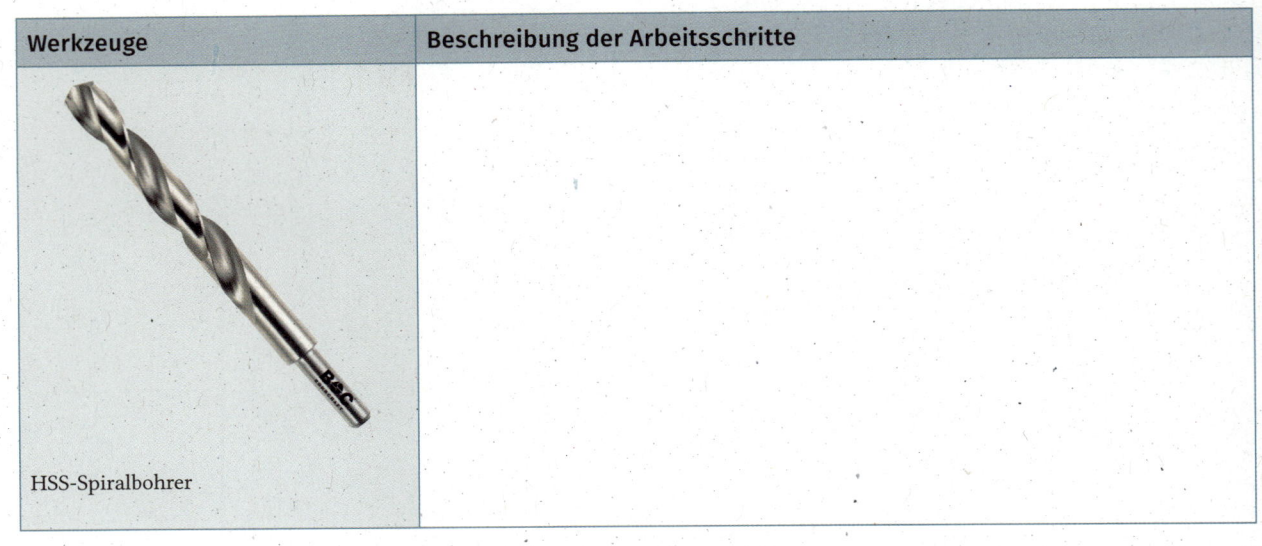

Werkzeuge	Beschreibung der Arbeitsschritte
HSS-Spiralbohrer	

Lernsituation 1: Anfertigung eines Druckstückes mit Bohrungen und Gewinde

LS1

HSS-Kegel- und Entgratsenker

Gewindeschneidsatz

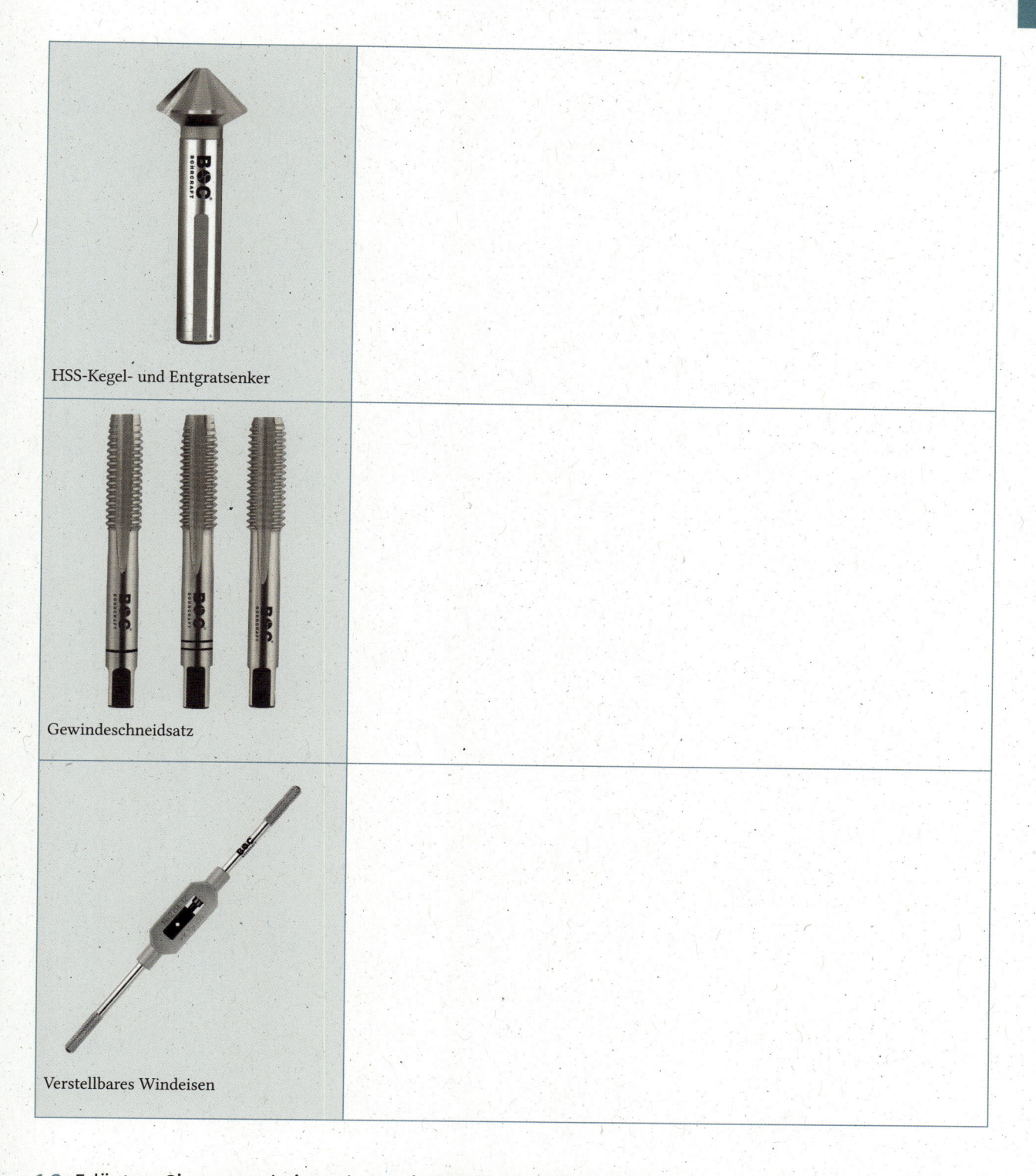

Verstellbares Windeisen

1.2 Erläutern Sie, warum beim Bohren mit der Säulenbohrmaschine und auch beim Gewindebohren ein Bohr- oder Schneidöl verwendet werden sollte.

_____
_____
_____
_____
_____

LF2 Lernfeld 2: Fertigen von Bauelementen mit Maschinen

2. Drehzahlberechnung

Berechnen Sie die Drehzahl für eine Säulenbohrmaschine, um die Kernlochbohrung für das Innengewinde M12 herzustellen. Nutzen Sie das Tabellenbuch und die Angaben zum Arbeitsauftrag, um die Schnittgeschwindigkeit zu bestimmen. Geben Sie in der Rechnung auch an, welchen Bohrertyp Sie ausgewählt haben.

Lernsituation 1: Anfertigung eines Druckstückes mit Bohrungen und Gewinde

LS1

3. Erstellen Sie einen Arbeitsplan zur Herstellung der drei Druckstücke

Lassen Sie die Arbeitsschritte zum Gewindeschneiden aus, da Sie diese bereits vorher beschrieben haben.

\multicolumn{4}{c}{Arbeitsplan für die Herstellung von drei Druckstücken}			
Blatt	Zeichnungs-/Dokumentnummer:	Datum:	Bearbeiter/-in:
Nr.:	Arbeitsschritt/Tätigkeit	Werkzeug, Material, Hilfsstoff	Bemerkungen, technologische Daten, Arbeitssicherheit/ Umweltschutz

LF2 Lernfeld 2: Fertigen von Bauelementen mit Maschinen

AUSWERTEN

1. Entwickeln Sie gemeinsam mit den anderen Auszubildenden in Ihrer Klasse eine Checkliste zur Überprüfung Ihres abgeschlossenen Arbeitsauftrages. Nutzen Sie diese, um die Qualität Ihrer Arbeit zu überprüfen.

Checkliste: Herstellung von Druckstücken	Beurteilung (ja/nein)

Präsentieren Sie nun Ihrer Ergebnisse.

2. Stellen Sie Ihr Portfolio zusammen und überprüfen Sie ein letztes Mal, ob alles enthalten ist, was gefordert wurde.

Der nebenstehende QR-Code führt Sie zu einem Beispiel für ein Portfolio.

3. Geben Sie Ihr Portfolio zur Bewertung bei Ihrer Lehrkraft ab.

4. Führen Sie ein Fachgespräch durch, in dem Sie Ihre Ergebnisse präsentieren.

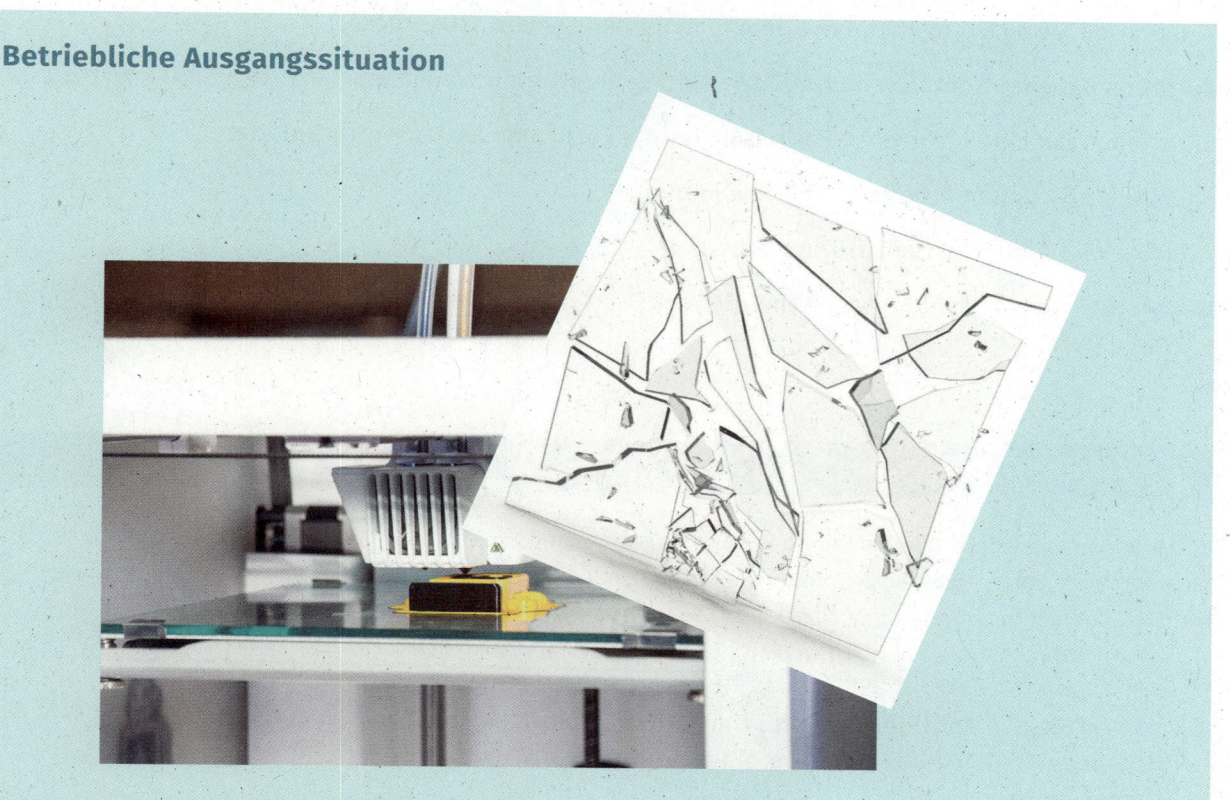

Lernsituation 2: Fertigen und Montieren einer Druckplatte an einem 3D-Drucker

Fertigen und Montieren einer Druckplatte an einem 3D-Drucker

Betriebliche Ausgangssituation

Die Druckplatte des 3D-Druckers ist zerbrochen

In der Abteilung Prototypen-Fertigung ist bei einem 3D-Drucker die Druckplatte zerbrochen. Der Drucker wird regelmäßig für die Herstellung von Produktionshilfsmitteln (z. B. Montagehilfen) und Prototypen verwendet und soll schnell wieder verfügbar sein. Für das Druckbett werden üblicherweise sogenannte Dauerdruckplatten eingesetzt, die für einen schnellen Wechsel mit Klammern im Drucker montiert werden.

Die Original-Ersatz-Druckplatte aus Glas ist vom Zulieferer erst in einigen Tagen verfügbar. Um die störungsbedingte Ausfallzeit zu reduzieren und möglichst zeitnah den Drucker wieder in Betrieb nehmen zu können, erhalten Sie den Auftrag, einen Ersatz zu fertigen. Die Ersatz-Druckplatte soll den Originalmaßen (256 mm × 228 mm × 4 mm) entsprechen und für den gleichen Temperaturbereich (20–110 °C) geeignet sein. Sie haben aus einem Vorgängerauftrag noch Halbzeug aus Aluminiumlegierung (EN AW 5083-H111) in ähnlicher Dimensionierung übrig. Recherchieren Sie, ob das Material für eine Dauerdruckplatte geeignet ist. Bereiten Sie anschließend den Ersatz der Druckplatte für den 3D-Drucker vor.

Arbeitsauftrag

In diesem Auftrag befassen Sie sich inhaltlich mit dem technischen System 3D-Drucker und mit Aspekten der allgemeinen Systemanalyse. Sie formulieren ausgehend von der Auftragssituation ein Pflichtenheft. Gegenstand der Aufgabe ist das Fertigen und Montieren einer Dauerdruckplatte an einem 3D-Drucker. Hierfür informieren Sie sich auftragsbezogen zur Arbeitssicherheit, zu Werkstoffen und Bearbeitungsmöglichkeiten sowie zu Grundlagen der technischen Kommunikation und der Qualitätsprüfung. Sie entscheiden sich kriteriengeleitet für einen Werkstoff. Im Anschluss planen Sie die Montage der Druckplatte. Zuletzt führen Sie zur Auftragsübergabe eine Funktionsprüfung durch und bereiten ein Kundengespräch vor.

LF2 — Lernfeld 2: Fertigen von Bauelementen mit Maschinen

Erfüllen Sie folgende Anforderungen:

1. Erfassen Sie alle Anforderungen für den Auftrag.
2. Informieren Sie sich auftragsbezogen zu relevanten Fachinhalten.
3. Befassen Sie sich eingehend mit dem technischen System „3D-Drucker".
4. Treffen Sie eine Wahl für einen für den Auftrag geeigneten Werkstoff.
5. Erstellen Sie eine technische Zeichnung für die Fertigung der Dauerdruckplatte.
6. Erstellen Sie einen Arbeitsplan für die Montage.
7. Führen Sie eine Funktionsprüfung durch.
8. Erstellen Sie eine Fehler-Maßnahmen-Checkliste für das Übergabegespräch mit der Abteilung Prototypen-Fertigung.

🔍 ANALYSIEREN

Im Folgenden sollen Sie die Situation des Auftrags analysieren und strukturiert abbilden. Sobald Sie alle Anforderungen erfasst haben, setzen Sie die Lernsituation mit der Informationsphase fort.

1. Erfassen Sie alle Anforderungen für den Auftrag. Halten Sie die Anforderungen z. B. wie hier in Form einer gruppierten Liste schriftlich fest.

Schritt 1:	Schritt 2:	Schritt 3:	Schritt 4:

Lernsituation 2: Fertigen und Montieren einer Druckplatte an einem 3D-Drucker **LS2**

2. Wie ist eine Abweichung definiert?

_____
_____
_____

3. Wie werden die Anforderungen des Kunden dokumentiert?

_____
_____
_____

Ziele der Lernsituation

Am Ende dieser Lernsituation können Sie…	✓
… die Funktionseinheiten und Wirkungsweise eines 3D-Druckers verstehen und schematisch darstellen.	☐
… das technische System 3D-Drucker beschreiben.	☐
… das maschinelle Herstellen einer Dauerdruckplatte vorbereiten.	☐
… mit den einschlägigen Normen umgehen.	☐
… Werkstoffe auswählen und anhand spezifischer Kriterien auftragsbezogen bewerten.	☐
… Arbeitsschritte mit erforderlichen Werkzeugen, Werkstoffen und Hilfsmitteln planen.	☐
… Fertigungspläne erstellen.	☐
… die Bestimmungen des Arbeitsschutzes berücksichtigen.	☐
… die Grundlagen der Qualitätssicherung nachvollziehen.	☐
… die Begriffe „Messfehler" und „Messunsicherheit" definieren.	☐
… Auswahlkriterien für Prüfmittel berücksichtigen.	☐
… Berechnungen zur Qualitätsprüfung durchführen.	☐
… ein Kundengespräch auftragsbezogen vorbereiten und durchführen.	☐
… Arbeitsergebnisse unter Verwendung digitaler Medien präsentieren.	☐
… Handlungsalternativen einbeziehen und alternative Lösungen entwickeln.	☐

LF2 Lernfeld 2: Fertigen von Bauelementen mit Maschinen

🔖 INFORMIEREN

Nach der Analyse des Auftrags informieren Sie sich in diesem Abschnitt mit Bezug zu den Auftragsinhalten zu den wesentlichen Themen. Ganz zentral arbeiten Sie sich so nacheinander in die Systemanalyse, die Arbeitssicherheit, die Werkstoffe und Bearbeitungsmöglichkeiten sowie in die Grundlagen der technischen Kommunikation und der Qualitätsprüfung ein.

1. Das technische System erfassen

Es existieren eine Reihe verschiedener Verfahren zur Prototypenherstellung oder Herstellung von Mustern, die unter dem Begriff des Rapid Prototyping zusammenfassend geführt werden. FDM (*fused deposition modeling*) oder FFF (*fused filament fabrication*) sind Abkürzungen für die bekannteste Technologie, die mit dem 3D-Druckverfahren zur Prototypenherstellung eingesetzt wird (engl. *fused* = geschmolzen). Ausgehend von den Konstruktionsdaten eines Bauteils wird dabei ein Muster dreidimensional auf einer Druckplatte gedruckt. Die wesentlichen Funktionseinheiten eines 3D-Druckers sind zum einen der Druckkopf, mit dem das Material (Filament) geschmolzen und extrudiert wird, und zum anderen die Druckplatte oder das Druckbett, auf dem das Filament schichtweise aufgetragen wird. Die Steuerung der Druckplatte oder wahlweise des Druckkopfes erlaubt die notwendigen räumliche Verfahrbewegung, sodass innerhalb der Schichtung das Material in Bahnen gedruckt wird. Unten ist ein 3D-Drucker für den Extrusionsdruck dargestellt.

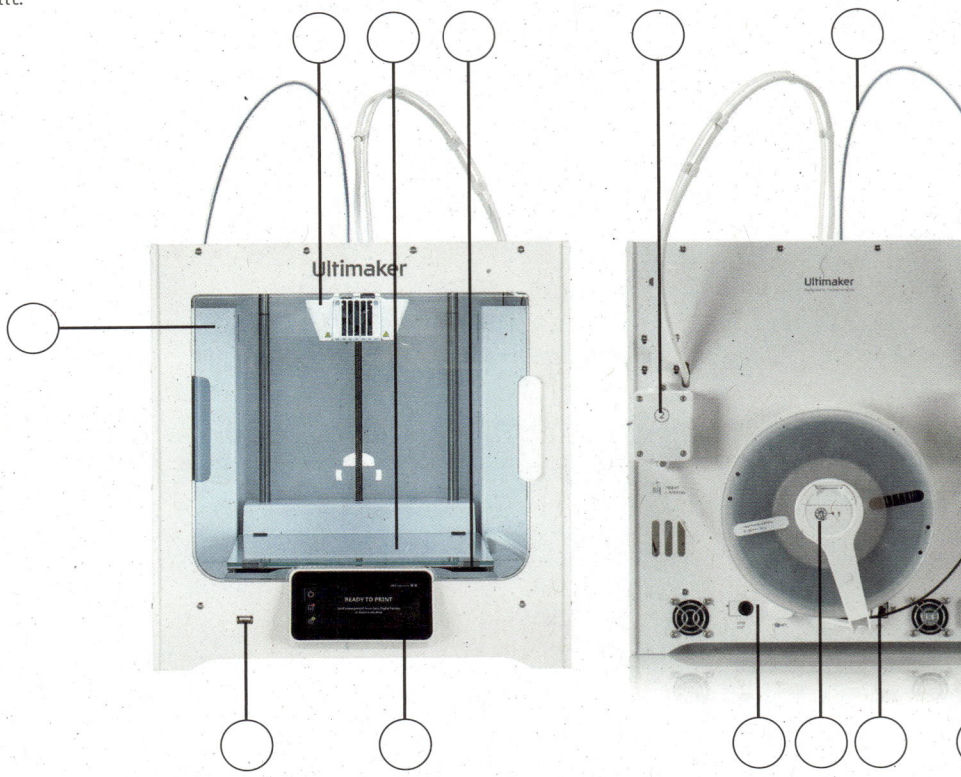

Hauptkomponenten eines 3D-Druckers (Beispielmodell: Ultimaker S3)

1.1 Identifizieren Sie die Hauptkomponenten des abgebildeten 3D-Druckers mithilfe der unten stehenden Tabelle und ergänzen Sie die fehlenden Positionsnummern in der oberen Abbildung.

(1) Glastür	(6) USB-Schnittstelle	(11) Ethernet-Schnittstelle
(2) Druckkopf	(7) Filamentzufuhr hinten rechts	(12) Filamentrollenhalter (doppelt) mit NFC-Kabel
(3) Druckplatte	(8) Führung (Bowden)	
(4) Befestigungsklammern	(9) Filamentzufuhr hinten links	(13) NFC-Buchse
(5) Touchscreen	(10) Stromanschluss und Schalter	

Lernsituation 2: Fertigen und Montieren einer Druckplatte an einem 3D-Drucker

LS2

2. Das technische System schematisch darstellen

2.1 Nehmen Sie zu den 13 Hauptkomponenten (siehe Aufgabe 1.1) die Begriffe *Druckdatei*, *Material*, *Hotbed* und *Bauteil* dazu und erstellen Sie für das System „3D-Drucker" eine schematische Darstellung in Form eines Blockdiagramms. Kennzeichnen Sie hierin die Systemgrenze sowie die Ein- und Ausgänge. Unterscheiden Sie in Ihrer Darstellung die Größen

- Stoff,
- Information und
- Energie

durch verschiedene Farben.

3. Die Funktionseinheiten des Systems beschreiben

3.1 Die Funktionseinheiten des Systems bilden Teilfunktionen ab, die zusammengenommen die Gesamtfunktion des Systems erfüllen. Formulieren Sie für die folgenden Funktionseinheiten des 3D-Druckers deren Grundfunktion.

Befestigungsklammern: _____
_____
_____

Filamentzufuhr: _____
_____
_____

LF2 Lernfeld 2: _____   Fertigen von Bauelementen mit Maschinen

Druckkopf: _____

Hotbed: _____

Touchscreen: _____

4. Das Druckbett als Regelstrecke

Verstehen Sie das Druckbett und das gewünschte Temperaturverhalten als Regelstrecke:

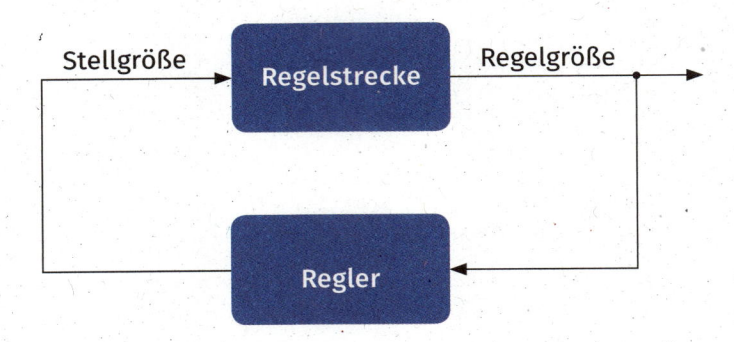

Geschlossener Regelkreis

4.1 Beschreiben Sie für die Stellgröße (Sollwert Temperatur) die Regelung. Die Regelgröße wird als Ausgangssignal (Istwert der Temperatur) am Hotbed von einem Temperatursensor erfasst. Benennen Sie zusätzlich eine einfache Störgröße auf die Regelstrecke, die Einfluss auf das Temperaturverhalten des Druckbetts beim Drucken nehmen kann.

5. Bestimmungen des Arbeitsschutzes

Um möglichen Gefahren am Arbeitsplatz zu begegnen, machen Sie sich mit den potenziellen Gefahren vertraut, die vom technischen System des 3D-Druckers ausgehen können.

5.1 In der folgenden Tabelle erläutern die Bemerkungen neben den Zeichen die Ursachen bzw. unterscheiden die Sicherheitskennzeichnung. Ergänzen Sie zu den Zeichen jeweils oberhalb die gültige Registernummer (vgl. DIN EN ISO 7010) und unterhalb die Bedeutung des Zeichens (siehe Beispiel).

Zeichen	Bemerkung
W001 ⚠️ Allgemeines Warnzeichen	Potenzielle Gefahren, z. B. durch kontrolliert bewegliche Teile
	Gefährdung durch Kontakt mit heißen Oberflächen am Druckkopf (Düse; T > 200 °C) und an der Druckplatte (T > 100 °C), z. B. Verbrennung
	Gefährdung durch elektrischen Strom bei unsachgemäßem Gebrauch oder schadhaften Leitungen
	Gefährdung durch kontrolliert bewegliche Teile, z. B. Quetschstellen
	Sicherheitskennzeichnung für Operatoren, weitere Informationen
	Schutzmaßnahmen, z. B. für Wartungsarbeiten oder Modifikationen
	Rettungszeichen
	Brandschutzzeichen

LF2 — Lernfeld 2: Fertigen von Bauelementen mit Maschinen

6. Werkstoffe für den Auftrag

Sie sind angehalten, für den Auftrag nach Möglichkeit ein vorhandenes Halbzeug aus einer Aluminiumlegierung zu verwenden.

6.1 Ermitteln Sie anhand der vorgegebenen Werkstoffnummer den vorliegenden Werkstoff (vgl. DIN EN 573-1 und -2).

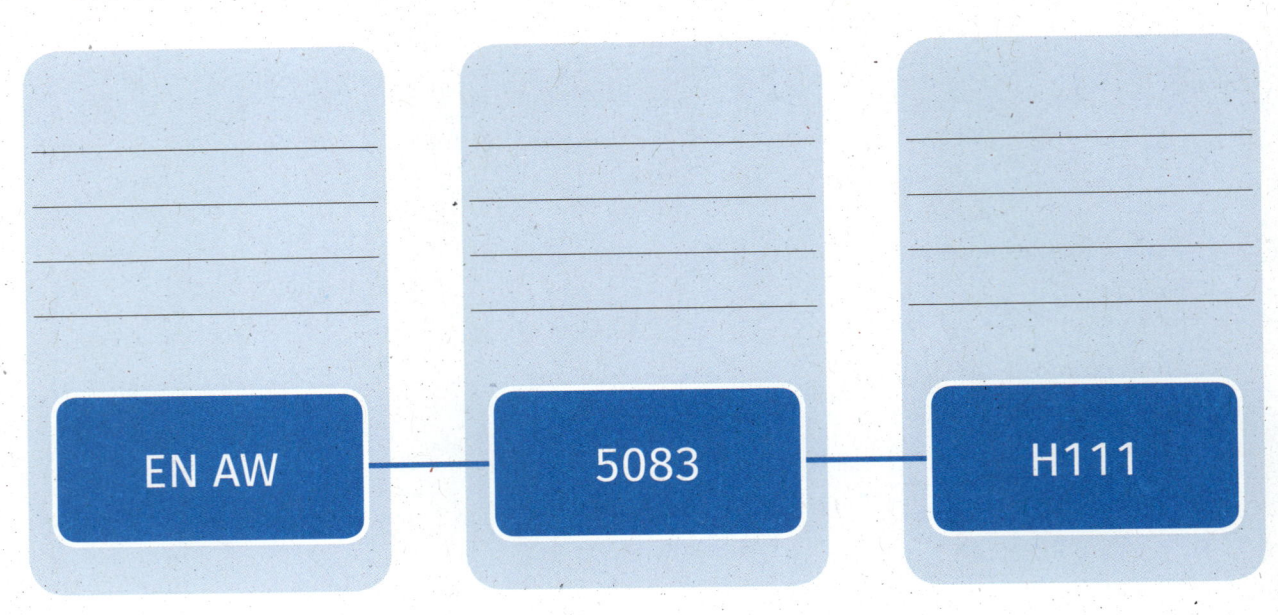

EN AW — **5083** — **H111**

6.2 Die vorhandene Aluminiumplatte hat eine Stärke von 5 mm. Das für die Ersatz-Druckplatte geforderte Maß beträgt 4 mm. Für eine erfolgreiche Fräsbearbeitung gibt es für den Werkstoff einiges zu beachten. Ergänzen Sie den folgenden Satz, den Sie als „Faustformel" für die Schnittgeschwindigkeit kennengelernt haben. Geben Sie zusätzlich die Schnittgeschwindigkeit an (Startwert unter normalen Bearbeitungsbedingungen, vgl. Tabellenbuch).

Je _____ die Schnittgeschwindigkeit, desto _____ wird die Oberfläche des Aluminiums.

6.3 Erläutern Sie in diesem Zusammenhang den Begriff der Aufbauschneidenbildung und nennen Sie geeignete Gegenmaßnahmen.

Lernsituation 2: Fertigen und Montieren einer Druckplatte an einem 3D-Drucker

LS2

6.4 Recherchieren Sie weitere Materialien, die für Dauerdruckplatten geeignet sind, und stellen Sie Ihre Ergebnisse in Form eines One Pagers dar (One Pager: die Präsentation sollte auf eine Seite passen; Sie können auch die Vorlagen in diesem Heft nutzen). Verwenden Sie dabei eine geeignete Abbildung für den Werkstoff und machen Sie Angaben zum Herstellungsverfahren, zu den Bearbeitungsmöglichkeiten und zum Einsatz-Temperaturbereich.

Ausgehend von der beschriebenen Situation bietet sich neben dem Aluminium-Halbzeug auch die Original-Druckplatte für eine Recherche an.

Im Zusatzmaterial finden Sie einige Materialdatenblätter als Startpunkt für Ihre Recherche.

Dauerdruckplatte aus

_____

- Herstellungsverfahren: _____
- Bearbeitungsmöglichkeiten: _____
- Einsatz-Temperaturbereich: _____

Dauerdruckplatte aus

_____

- Herstellungsverfahren: _____
- Bearbeitungsmöglichkeiten: _____
- Einsatz-Temperaturbereich: _____

Dauerdruckplatte aus
Aluminiumlegierung (EN AW 5083-H111)

- Herstellungsverfahren: _____
- Bearbeitungsmöglichkeiten: _____
- Einsatz-Temperaturbereich: _____

Lernfeld 2: Fertigen von Bauelementen mit Maschinen

PLANEN

1. Werkstoffauswahl

1.1 Die folgenden Werkstoffe sind zur Auswahl für die Ersatz-Druckplatte mit allen relevanten Informationen zu den vorgenannten Kriterien in einer Prioritätsmatrix zusammengestellt worden (siehe auch Video im Zusatzmaterial). Vergeben Sie für jedes erfüllte Kriterium einen Punkt und identifizieren Sie damit den für Ihre Aufgabe am besten geeigneten Werkstoff. Formulieren Sie unten eine kurze Begründung für die Auswahl.

	Mechanische Bearbeitung	Verfügbare Stärke	Verfügbarkeit sofort	Einsatz-temperatur	Bewertung
Borosilikatglas	+++	4 mm	–	+++	
Aluminiumlegierung	+++	5 mm	+++	++	
GFK-Platte	++	1 mm	++	+++	

_____

_____

_____

_____

_____

_____

1.2 Die folgenden Strategien stehen zur Auswahl eines geeigneten Spannens für die folgende mechanische Bearbeitung für die Ersatz-Druckplatte. Treffen Sie eine begründete Entscheidung: Mechanisches Spannen mit Spannmittel (z. B. Spannpratzen), Magnetspannen oder Vakuumspannen.

_____

_____

2. Technische Kommunikation

2.1 Erstellen Sie für die Fertigung der Ersatz-Druckplatte eine technische Zeichnung unter Berücksichtigung der unten aufgeführten Anforderungen. Zeichnen Sie zwei Ansichten im Maßstab 1:2.

- Ebenenbezug (Oberseite)
- Geforderte Maße (siehe Ausgangssituation), Eckenradius 5 mm
- Tolerierung der Ebenheit mit $t = 0{,}08$ mm
- Tolerierung der Rauheit der Oberseite mit $Ra = 0{,}4$ µm, Bearbeitungszugabe 0,5 mm
- Vorhandene Symmetrien

Lernsituation 2: Fertigen und Montieren einer Druckplatte an einem 3D-Drucker

LF2 — Lernfeld 2: Fertigen von Bauelementen mit Maschinen

🛠 DURCHFÜHREN

1. Fertigung und Qualitätsprüfung

1.1 Formulieren Sie eine Strategie für das mechanische Bearbeiten der Ersatz-Druckplatte aus Aluminiumlegierung, um die geforderte Ebenheit zu erreichen.

_____

_____

_____

1.2 Die Anforderungen an die Qualität der zu fertigenden Druckplatte liegen Ihnen nun vor. Die Qualitätsprüfung dient der Feststellung, inwieweit diese erfüllt werden. Handelt es sich bei der Rauheit um ein quantitatives oder ein qualitatives Merkmal?

_____

1.3 Benennen Sie ein geeignetes Prüfmittel für die Prüfung der Rauheit an diesem Bauteil.

_____

1.4 In der folgenden Tabelle ist eine Auswahl von Prüfmitteln mit digitaler Anzeige dargestellt. Beschreiben Sie kurz den Anwendungsfall an der zu fertigenden Druckplatte.

Prüfmittel (Norm)	Skalenteilung	Fehlergrenze	Messbereich	Anwendung
Messschieber (DIN 862)	0,01	0,02	0–1 000	
Bügelmessschraube (DIN 863)	0,001	0,004	0–300	
Messuhr (DIN 878)	0,01 0,001	0,02 0,004	0–12,5 0–5	

2. Messunsicherheit und Toleranz

2.1 Jedes Messergebnis unterliegt einer Messunsicherheit, die gemäß der ISO GPS bei der Abnahmeprüfung vonseiten des Herstellers bzw. bei der Annahmeprüfung vonseiten des Kunden (Abnehmer/-in) zum Tragen kommt. Unter Berücksichtigung der Messunsicherheit wird darin nach festgelegten Regeln entschieden, ob ein Werkstück im Übereinstimmungsbereich liegt.

Berechnen Sie nach DIN EN ISO 14253-1 für die Fertigungsmaße der Druckplatte (Länge = 256 mm und Höhe = 4 mm) bei gegebener Messunsicherheit jeweils den Toleranzbereich für die Abnahmeprüfung. Gemäß der Anforderungen gelten für lineare Größenmaße die Toleranzwerte nach DIN 2769-b. Die Messunsicherheit bei der Prüfung wird mit $U = 0{,}020$ angegeben.

Lernsituation 2: Fertigen und Montieren einer Druckplatte an einem 3D-Drucker **LS2**

3. Montieren der Druckplatte am 3D-Drucker

3.1 Formulieren Sie für die Montage der Ersatz-Druckplatte einen kurzen Arbeitsplan. Berücksichtigen Sie insbesondere auch die Arbeitssicherheit in Bezug auf die elektrische Sicherheit.

Ziehen Sie, wenn nötig, das Handbuch Ihres 3D-Druckers zurate (siehe auch Beispiel im Zusatzmaterial).

Allgemeiner Arbeitsplan: Montage der Druckplatte			
AG-Nr.	Arbeitsgang	Werkzeuge/Hilfsmittel	Bemerkung

4. Eine Funktionsprüfung durchführen

4.1 Vor der Übergabe an die Abteilung Prototypen-Fertigung (= Kunde) soll der 3D-Drucker im Rahmen einer Funktionsprüfung erprobt werden. Ihnen steht dafür eine stl-Datei für eine Teststruktur zur Verfügung (siehe Zusatzmaterial). Beschreiben Sie den Ablauf der Funktionsprüfung mit einem Testdruck.

Da nur das Druckbett ersetzt wurde, wird davon ausgegangen, dass noch Material im Drucker ist.

LF2 — Lernfeld 2:   Fertigen von Bauelementen mit Maschinen

Schritt 1: Slicen eines Extrusionsdrucks (Teststruktur) zum Erzeugen der Druckdatei (gcode); _____

_____

_____

_____

_____

_____

5. Ein Kundengespräch führen

5.1 Bereiten Sie für die Übergabe des Geräts ein Kundengespräch vor. Fokussieren Sie sich dabei auf die möglichen Fehler, die nach dem Tausch der Druckplatte beim Extrusionsdruck entstehen können. Beschreiben Sie dafür in der folgenden Checkliste geeignete Maßnahmen, um diesen Fehlern zu begegnen.

Auch wenn Ihr Testdruck hervorragend aussieht, nutzen Sie die Bilder in der Checkliste zur Orientierung. Für die Umsetzung der Maßnahmen befolgen Sie das Handbuch Ihres Druckers (siehe auch Zusatzmaterial).

Nr.	Fehlerbild	Bezeichnung	Maßnahmen
1 ☐		Schlechte oder keine Haftung der ersten Schicht auf der Druckplatte trotz gereinigter Druckplatte	
2 ☐		Fehlerhafte Extrusion der ersten Schicht, obwohl die Nozzle sauber und aufgeheizt ist	

80

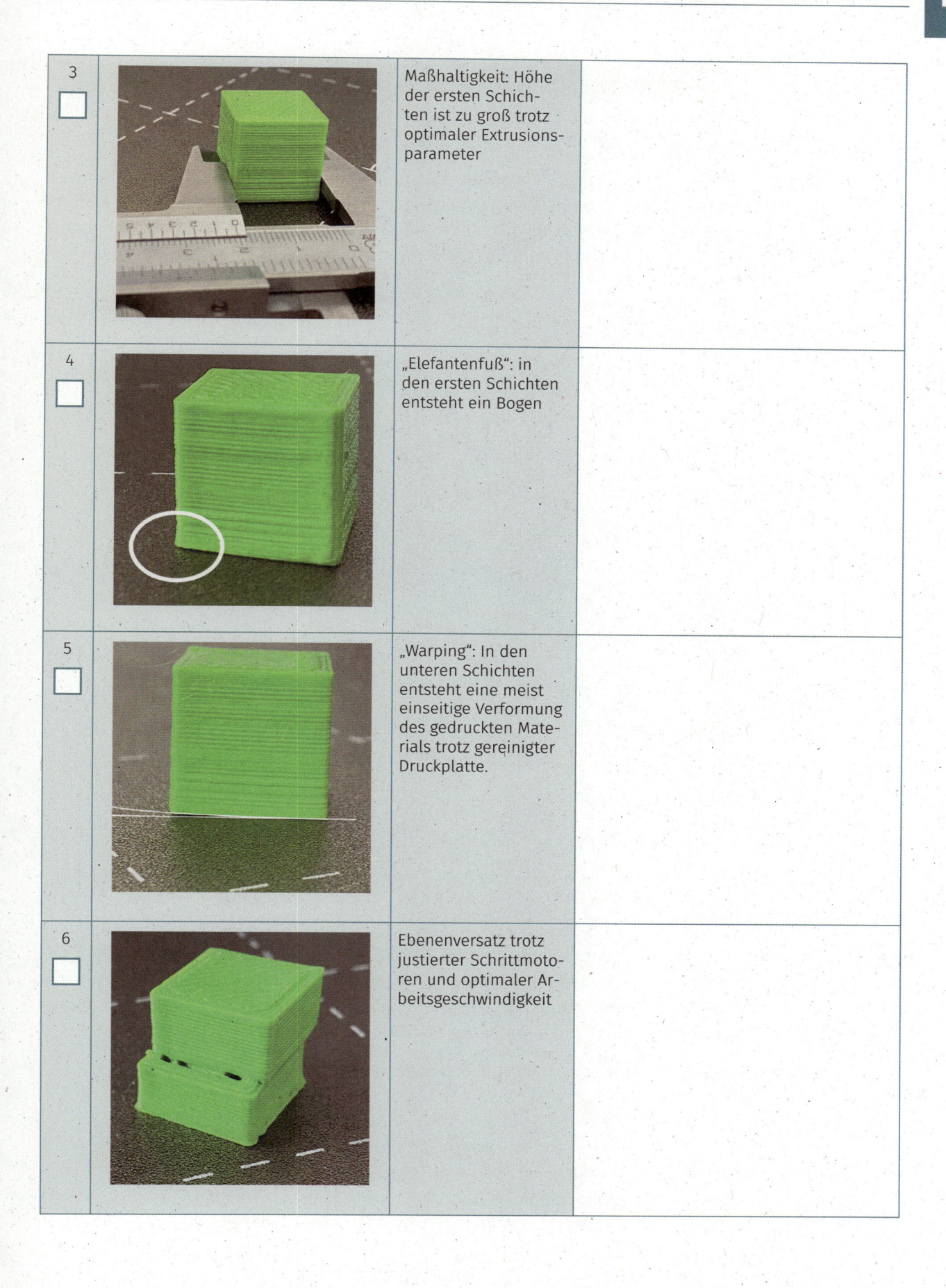

Lernsituation 2: Fertigen und Montieren einer Druckplatte an einem 3D-Drucker

LS2

3 ☐		Maßhaltigkeit: Höhe der ersten Schichten ist zu groß trotz optimaler Extrusionsparameter	
4 ☐		„Elefantenfuß": in den ersten Schichten entsteht ein Bogen	
5 ☐		„Warping": In den unteren Schichten entsteht eine meist einseitige Verformung des gedruckten Materials trotz gereinigter Druckplatte.	
6 ☐		Ebenenversatz trotz justierter Schrittmotoren und optimaler Arbeitsgeschwindigkeit	

81

LF2 Lernfeld 2: Fertigen von Bauelementen mit Maschinen

AUSWERTEN

1. Alternative Lösungen festhalten

1.1 Nachdem Sie das Kundengespräch durchgeführt haben, halten Sie gemeinsam nach der Auswertung aller Ergebnisse mögliche alternative Lösungswege fest, mit denen der Auftrag in anderer Form erfüllt werden kann. Betrachten Sie hierfür gemeinsam nochmals die Qualität der Ergebnisse, z. B. mit Blick auf das ökonomische Prinzip oder kontroverse Diskussionen im Laufe der Lernsituation.

Tragen Sie Ihre Notizen hier ein:

2. Reflexion der Arbeit

2.1 Reflektieren Sie zuletzt die gesamte Lernsituation unter Berücksichtigung Ihres persönlichen Anteils daran. Die folgenden Leitfragen sollen dabei helfen, die Selbstwahrnehmung zu fördern. Wählen Sie mindestens zwei der Leitfragen aus (siehe Auflistung) und notieren Sie möglichst nachvollziehbar Ihre Gedanken, z. B. mit konkretem Bezug zu einzelnen Lernaufgaben.

Diskutieren Sie anschließend mit einem Lernpartner bzw. einer Lernpartnerin Ihre persönliche Einschätzung.
Leitfragen:
1. Wie zufrieden sind Sie mit den Ergebnissen Ihrer Arbeit. Stimmt die Qualität?
2. Wie war die Ausgangssituation? Hat sich während der Arbeit an einzelnen Lernaufgaben etwas verändert?
3. Wie hängen Ihre persönlichen Eigenschaften mit Ihrem schulischen Lernerfolg zusammen?
4. Welche Erkenntnis während Ihrer Arbeit innerhalb dieser Lernsituation war die wichtigste für Sie?
5. Wie ist Ihre Beobachtung zu Ihren persönlichen Ressourcen, z. B. Zeit und Konzentration, im Verlauf der Lernsituation?
6. Welcher Lernpartner bzw. welche Lernpartnerin hat Sie besonders unterstützt, welche Fähigkeit war hierbei ausschlaggebend?
7. Wie haben Sie bei Teamaufgaben aus Ihrer Sicht die Aufgabenverteilung gestaltet?

Lernsituation 2: Fertigen und Montieren einer Druckplatte an einem 3D-Drucker

LS2

Halten Sie Ihre Ergebnisse und Beobachtungen hier fest:

LF2 Lernfeld 2: Fertigen von Bauelementen mit Maschinen

Herstellen einer Spannbuchse

Betriebliche Ausgangssituation

Für das Handschleifgerät eines Kunden wurde eine biegsame Welle zugekauft. Dadurch wird die Arbeit mit Schleifstiften sehr vereinfacht und handlicher.

Um nun das Handschleifgerät in der vorhandenen Halterung auf der Werkbank fixieren zu können, wird eine Spannbuchse benötigt, da der Außendurchmesser des Handschleifgerätes deutlich kleiner ist als der Innendurchmesser der Halterung.

Handschleifgerät mit Halterung und biegsamer Welle

Die Spannbuchse soll so beschaffen sein, dass durch die Klemmung in der Halterung sowohl die Buchse als auch das Handschleifgerät gespannt wird.

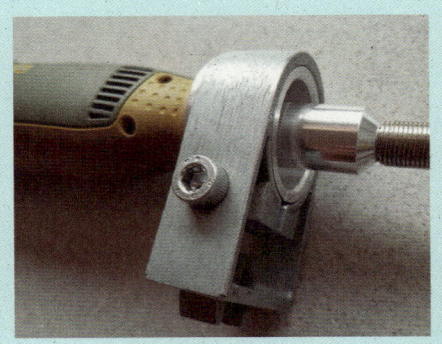

Handschleifgerät mit Halterung und Spannbuchse

Zur Herstellung der Spannbuchse stehen Ihnen folgende Werkzeuge und Maschinen zur Verfügung

- Werkbank
- Anreißplatte
- Säulenbohrmaschine
- konventionelle Drehmaschine
- konventionelle Fräsmaschine

Arbeitsauftrag

Achten Sie auf einen möglichst geringen Materialeinsatz. Die Spannbuchse soll einfach in der Handhabung sein und eine sichere und feste Spannung des Handschleifgerätes ermöglichen.

Lernsituation 3:   Herstellen einer Spannbuchse   **LS3**

Erfüllen Sie folgende Anforderungen:

1. Konstruieren Sie die gewünschte Spannbuchse.

2. Das Ergebnis soll eine fertigungsgerechte Zeichnung sein. Außerdem wird für die Fertigung der Spannbuchse ein Arbeitsplan benötigt, der die einzelnen Arbeitsschritte beinhaltet.

3. Berücksichtigen Sie bereits bei der Planung einen sinnvollen Materialeinsatz und den gesamten Ablauf unter dem Aspekt SOS (Sauberkeit – Ordnung – Sicherheit).

4. Dokumentieren Sie Ihr Vorgehen mit Teilergebnissen, Zeichnung und Fertigungsplan und erstellen Sie abschließend eine digitale strukturierte Dokumentation. Diese soll als Grundlage für eine abschließende Präsentation dienen.

ANALYSIEREN

1. Erstellen Sie in einer Kleingruppe eine Mindmap auf einem DIN-A3-Blatt, um einen Überblick über den Auftrag zu erhalten.

Beginnen Sie mit folgenden Elementen:

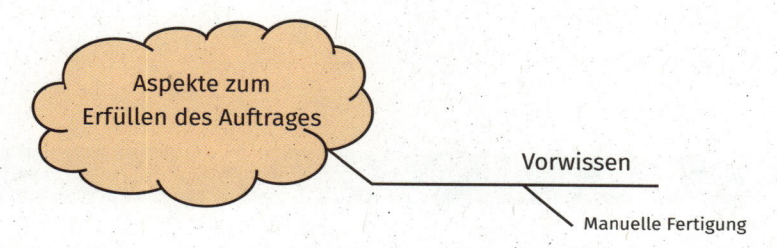

Aspekte zum Erfüllen des Auftrages — Vorwissen — Manuelle Fertigung

Ziele der Lernsituation

Am Ende dieser Lernsituation können Sie…	✓
… die Begriffe der Maßtoleranz zuordnen.	☐
… Toleranzarten unterscheiden und anwenden.	☐
… Höchst- und Mindestmaß berechnen.	☐
… den Begriff der Passung erläutern.	☐
… den Unterschied zwischen Toleranz und Passung beschreiben.	☐
… die drei Passungsarten nennen und zuordnen.	☐
… Höchst- und Mindestspiel sowie Höchst- und Mindestübermaß berechnen.	☐
… den Unterschied zwischen den Passungssystemen Einheitsbohrung und Einheitswelle erklären.	☐
… die einzelnen Arbeitsschritte beim Drehen benennen.	☐
… Messmittel und Werkzeuge beim Drehen benennen und der Außen- und Innenkontur zuordnen.	☐

LF2 Lernfeld 2: Fertigen von Bauelementen mit Maschinen

... sich mithilfe verschiedener Quellen (Fachbuch, TBB, Internet, technische Unterlagen, z.B. Zeichnungen) informieren.	☐
... mithilfe des Tabellenbuchs Schnittwerte für verschiedene Fertigungsverfahren, Werk- und Schneidstoffe ermitteln.	☐
... einfache Rechnungen zur zerspanenden Fertigung eines Bauteils durchführen.	☐
... einen fachgerechten Fertigungsplan mit Hinweisen zur Arbeitssicherheit, zu Umweltschutz, Betriebs- und Hilfsstoffen erstellen.	☐
... sich mithilfe einer Mindmap einen Überblick verschaffen.	☐
... in einem Team Aufgaben gerecht verteilen.	☐
... Einzelergebnisse im Team vorstellen.	☐
... konstruktive Rückmeldungen geben und annehmen.	☐
... Rückmeldungen zur Optimierung der eigenen Ergebnisse nutzen.	☐
... Ergebnisse in einer digitalen Präsentationsform zusammenstellen.	☐
... die zusammengestellte Datei als Grundlage für eine Kundenübergabe verwenden.	☐

📖 INFORMIEREN

Zur Erstellung der Spannbuchse benötigen Sie eine Zeichnung oder Skizze mit allen notwendigen Maßen und Toleranzangaben. Setzen Sie sich zunächst an einem Beispiel mit diesen Themen auseinander.

1. Entnehmen Sie aus der Zeichnung die Nennmaße mit den zugehörigen Abmaßen. Tragen Sie diese in die Tabelle ein und berechnen Sie Mindest- und Höchstmaße sowie die Toleranzen.

Erklären Sie den Begriff „Toleranz".

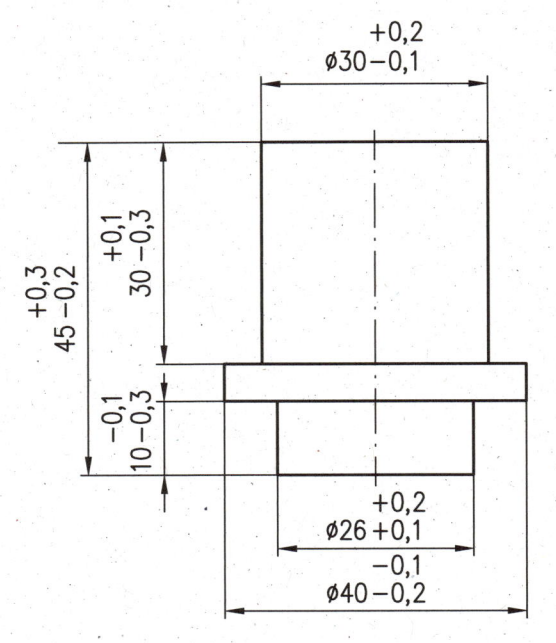

Lernsituation 3: _____ Herstellen einer Spannbuchse **LS3**

Nennmaß	Unteres Grenzabmaß	Oberes Grenzabmaß	Mindestmaß	Höchstmaß	Toleranz

Toleranz: _____
_____

2. Beim Fügen von Bauteilen, taucht immer wieder der Begriff „Passung" auf. Finden Sie heraus, wo bei der herzustellenden Spannbuchse Passungen entstehen.

Erklären Sie den Begriff „Passung".

_____
_____
_____

Passung: _____
_____
_____

3. Informieren Sie sich über die drei verschiedenartigen Passungsarten, nennen und beschreiben Sie diese und fügen Sie je ein passendes Beispiel an.

_____
_____
_____
_____
_____
_____
_____
_____

Lernfeld 2: Fertigen von Bauelementen mit Maschinen

4. Informieren Sie sich über die Wahl der Toleranz und Passungsart. Schauen Sie sich dazu das Video an, das Sie über den nebenstehenden QR-Code aufrufen können. Berechnen Sie anschließend folgende Aufgaben:

a) Bohrung: 30 +0,1/+0,2; Welle: 30 −0,05

Passungsart: **Spielpassung**

Bohrung:
- Höchstmaß: 30,2 mm
- Mindestmaß: 30,1 mm

Welle:
- Höchstmaß: 30,0 mm
- Mindestmaß: 29,95 mm

- Höchstspiel: 0,25 mm
- Mindestspiel: 0,10 mm
- Höchstübermaß: —
- Mindestübermaß: —

b) Bohrung: 10 H7; Welle: 10 r6

Passungsart: **Presspassung (Übermaßpassung)**

Bohrung:
- Höchstmaß: 10,015 mm
- Mindestmaß: 10,000 mm

Welle:
- Höchstmaß: 10,028 mm
- Mindestmaß: 10,019 mm

- Höchstspiel: —
- Mindestspiel: —
- Höchstübermaß: 0,028 mm
- Mindestübermaß: 0,004 mm

Lernsituation 3: Herstellen einer Spannbüchse

LS3

5. Informieren Sie sich über die Passungssysteme „Einheitsbohrung" und „Einheitswelle" und erklären Sie beide Begriffe. Fügen Sie jeweils ein selbst gewähltes Beispiel an.

_____
_____
_____
_____
_____
_____
_____

6. Finden Sie den Zusammenhang heraus von Einheitswelle/-bohrung zu ...

... Spielpassung

... Übergangspannung und

... Übermaßpassung.

Verwenden Sie hierzu die beiden grafischen Darstellungen (siehe auch Tabellenbuch).

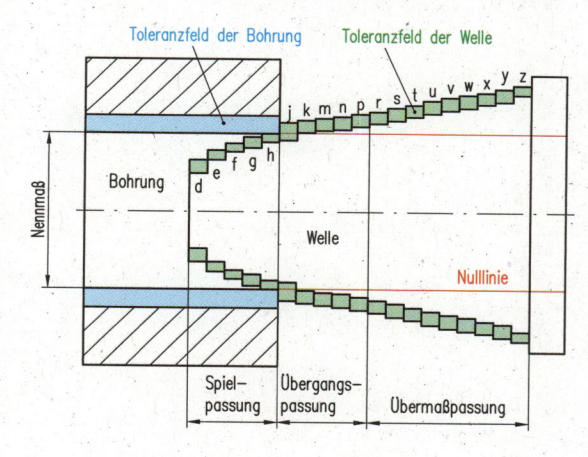

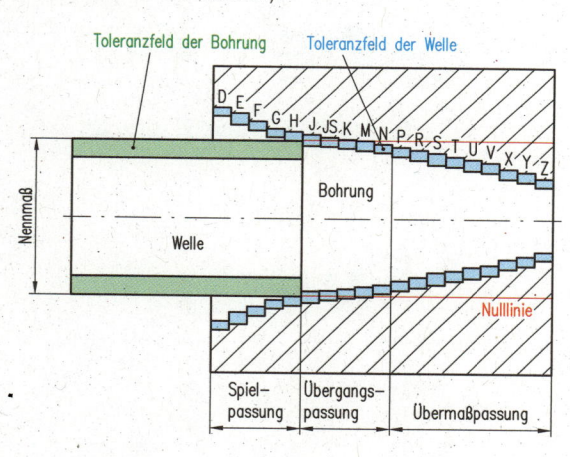

_____
_____
_____
_____
_____

7. Informieren Sie sich über die Arbeitsschritte beim Drehen, indem Sie zwei Videos anschauen (siehe QR-Codes).

LF2 Lernfeld 2: _____ Fertigen von Bauelementen mit Maschinen

📋 PLANEN

Bereiten Sie jetzt das Konstruieren und Erstellen des Fertigungsplans vor.

1. Legen Sie in Kleingruppen die nötigen Fertigungsverfahren zur Herstellung der Spannbuchse fest.

_____

_____

2. Der Kunde schlägt vor, für die Spannbuchse Aluminium-Knetlegierung zu verwenden. Diskutieren Sie in der Gruppe den Kundenwunsch hinsichtlich Vor- und Nachteilen im Vergleich zu einer Stahllegierung, z. B. S235 JR. Legen Sie dazu zunächst Vergleichskriterien fest, z. B. Masse. Gestalten Sie zur Dokumentation Ihrer Diskussionsergebnisse eine geeignete Tabelle.

Masse		

Notizen:

_____

_____

_____

_____

_____

_____

Lernsituation 3: Herstellen einer Spannbuchse

LS3

_____
_____
_____
_____

🛠 DURCHFÜHREN

1. Die vorgegebene Skizze der Spannbuchse ist im Halbschnitt dargestellt. Ermitteln Sie die fehlenden Maße.

Die Längenmaße sollen dabei mit einer Minustoleranz von 0,5 mm angegeben werden, um einen Überstand der Buchse zu vermeiden.

Bei den Durchmesserangaben sind diese jeweils mit dem Grundabmaß F7 bzw. f7 zu tolerieren, um eine Spielpassung zu gewährleisten.

Die restlichen Toleranzen unterliegen den Allgemeintoleranzen gemäß DIN ISO 2768:1991-m.

Hinsichtlich Oberflächen und Werkstückkanten ist Folgendes festgelegt:

- Alle Oberflächen: Rz 25
- Fasen: 1 x 45°

Erstellen Sie die fehlende Ansicht. (Da es sich um ein symmetrisches Bauteil handelt, ist es zulässig, nur die Hälfte zu zeichnen. Entsprechende Spiegelstriche sind einzuzeichnen.)

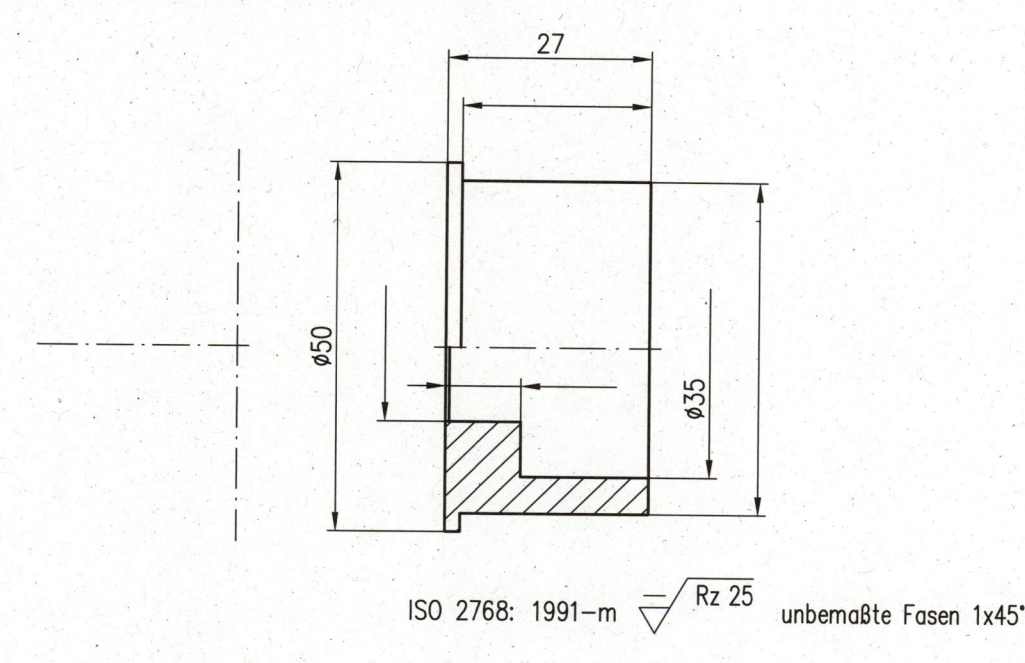

ISO 2768: 1991-m ∇ Rz 25 unbemaßte Fasen 1x45°

2. Der Bund am Handschleifgerät und die Bohrung an der Halterung wurden laut Herstellerangabe mit dem Einhalten der Toleranzklasse H7 gefertigt.

- Ermitteln Sie die Abmaße und berechnen Sie Höchst- und Mindestmaß der beiden Passungen.
- Finden Sie die Passungsart heraus und berechnen Sie das Spiel bzw. Übermaß.
- Um welches Passungssystem handelt es sich jeweils?

Lernfeld 2: Fertigen von Bauelementen mit Maschinen

a) Bohrung: 20 F7; Welle: 20 h7

	Passungsart		Passungssystem:
Bohrung: _____ ⟨ (Höchstmaß) _____		(Höchstspiel) _____	
(Mindestmaß) _____		(Mindestspiel) _____	_____
Welle: _____ ⟨ (Höchstmaß) _____		(Höchstübermaß) _____	
(Mindestmaß) _____		(Mindestübermaß) _____	

b) Bohrung: 45 H7; Welle: 45 f7

	Passungsart		Passungssystem:
Bohrung: _____ ⟨ (Höchstmaß) _____		(Höchstspiel) _____	
(Mindestmaß) _____		(Mindestspiel) _____	_____
Welle: _____ ⟨ (Höchstmaß) _____		(Höchstübermaß) _____	
(Mindestmaß) _____		(Mindestübermaß) _____	

Lernsituation 3:   Herstellen einer Spannbuchse   **LS3**

3. **Erstellen Sie für die Spannbuchse ein Messblatt. Es müssen alle Angaben aus der Zeichnung vorhanden sein.**

Zur schnellen Auswertung sollen außer dem Nennmaß und der Toleranz auch Höchst- und Mindestmaß angegeben sein.

Ebenfalls sind Spalten vorzusehen für das Istmaß sowie für die Beurteilung, ob dies in Ordnung ist oder nicht.

Bedenken Sie auch, dass das Messblatt mit dem Prüfdatum, dem Namen und der Unterschrift der oder des Prüfenden zu versehen ist.

Messblatt für

Spannbuchse

Nennmaß					Maß in Ordnung	
					ja	nein

Geprüft am: _____

Geprüft von: _____   Unterschrift

4. Die Buchse soll aus einer Aluminium-Knetlegierung gefertigt werden. Welches Halbzeug ist für die Spannbuchse geeignet (Form, Profil)?

5. Legen Sie die Rohmaße des Halbzeuges fest.

Lernfeld 2: Fertigen von Bauelementen mit Maschinen

6. Welche Werkzeuge benötigen Sie an der Drehmaschine zur Herstellung der Spannbuchse?

7. Legen Sie Schneidstoffe fest.

8. Welches Messwerkzeuge benötigen Sie?

9. Beim Einlegen der Spannbuchse in der Halterung kann diese durch die Klemmung mit der Schraube befestigt werden. Damit jedoch auch gleichzeitig das Handschleifgerät geklemmt wird, ist es notwendig die Buchse zu schlitzen.

Beschreiben Sie diesen Arbeitsablauf.

Lernsituation 3: Herstellen einer Spannbuchse

10. Erstellen Sie einen einfachen Arbeitsplan (Liste), anhand dessen die einzelnen Arbeitsschritte nachvollzogen werden können.

11. Ein wichtiges Ergebnis dieses Auftrages ist ein tabellarischer Fertigungsplan, in welchem auch die Größen Drehzahl bzw. -frequenz und Vorschub aufgeführt werden. Überlegen Sie in Ihrer Gruppe, welche Informationen noch in die Tabelle eingetragen werden sollen, um eine fachgerechte Fertigung sicherzustellen. Gestalten Sie eine digitale Tabelle, um einen vollständigen Fertigungsplan zu erstellen.

12. Legen Sie mithilfe des Tabellenbuchs Schnittgrößen (Vorschub und Schnittgeschwindigkeit) für die verschiedenen maschinellen Fertigungsschritte fest.

LF2 Lernfeld 2: Fertigen von Bauelementen mit Maschinen

13. Digitalisieren Sie jetzt alle ggf. noch analog vorliegenden Unterlagen und fügen Sie alle Ergebnisse in einer Präsentationsdatei zusammen. Beachten Sie dazu allgemein bekannte Standards für eine Präsentation.

AUSWERTEN

1. Bilden Sie in Ihrer Lerngruppe Paare: Eine Person übernimmt die Rolle des Kunden, die andere präsentiert dem „Kunden" mithilfe ihrer Datei (Präsentation) ihre Ergebnisse. Tauschen Sie anschließend die Rollen.

2. Bewerten Sie nun – weiterhin in Partnerarbeit – gegenseitig Ihre Arbeitsergebnisse. Die Bewertung erfolgt u. a. nach dem Grad der Erfüllung folgender Kriterien (bei „Ja" 10 Punkte, bei „Nein" 0 Punkte):

	Ja	Nein	Punkte
Geringer Materialeinsatz?			
Richtigkeit der fehlenden Maße in der Skizze?			
Vollständigkeit der Sammelangaben in der Skizze?			
Darstellung der fehlenden Ansicht?			
Ausführung des Messblatts?			
Berechnung der 1. Passung?			
Berechnung der 2. Passung?			
Ist die Skizze vollständig und nachvollziehbar?			
(Je nach Ausführung sind folgende Punkte möglich: 20 – 10 – 0)			
Arbeitsplan?			
War die Präsentation ansprechend?			
(Je nach Ausführung sind folgende Punkte möglich: 10 – 5 – 0)			
Präsentation?			
			Summe Punkte

LF 3

Herstellen von einfachen Baugruppen

Im Lernfeld 3 stehen nach dem Rahmenlehrplan Fügeverfahren im Mittelpunkt. Im Folgenden wird dies in den einzelnen Lernsituationen berücksichtigt. Dazu werden die Verfahren aber nicht isoliert betrachtet, sondern orientieren sich an Aufträgen, die in der Praxis vorkommen und somit andere Lernfelder einschließen. Zum Beispiel bildet in der ersten Lernsituation ein Vergleich zweier Konstruktionen den Ausgangspunkt. Im Laufe des Auftrags werden verschiedene Fügeverfahren, aber auch Fertigungsverfahren betrachtet. Es handelt sich also um eine lernfeldübergreifende Lernsituation.

Lernsituation	Seite	Erledigt
LS1 Optimieren einer fördertechnischen Baugruppe	98	☐
LS2 Erstellen einer Montageanweisung für ein Schneidwerkzeug	114	☐
LS3 Herstellen einer einfachen Spannvorrichtung	127	☐
LS4 Herstellen einer Wandhalterung für eine Doppelschleifmaschine	137	☐
LS5 Montage eines Messuhrhalters	146	☐

LF3 Lernfeld 3: Herstellen von einfachen Baugruppen

Optimieren einer fördertechnischen Baugruppe

Betriebliche Ausgangssituation

Intervallmäßig wird in der Instandhaltung die Baugruppe „Transfermitnehmer" wieder instandgesetzt. Es treten verschiedene Verschleißstellen bzw. Schäden auf. Die Konstruktion der Baugruppe wurde in verschiedenen Versionen gefertigt, um die Betriebsdauer bzw. die Zeit des Einsatzes zu erhöhen.

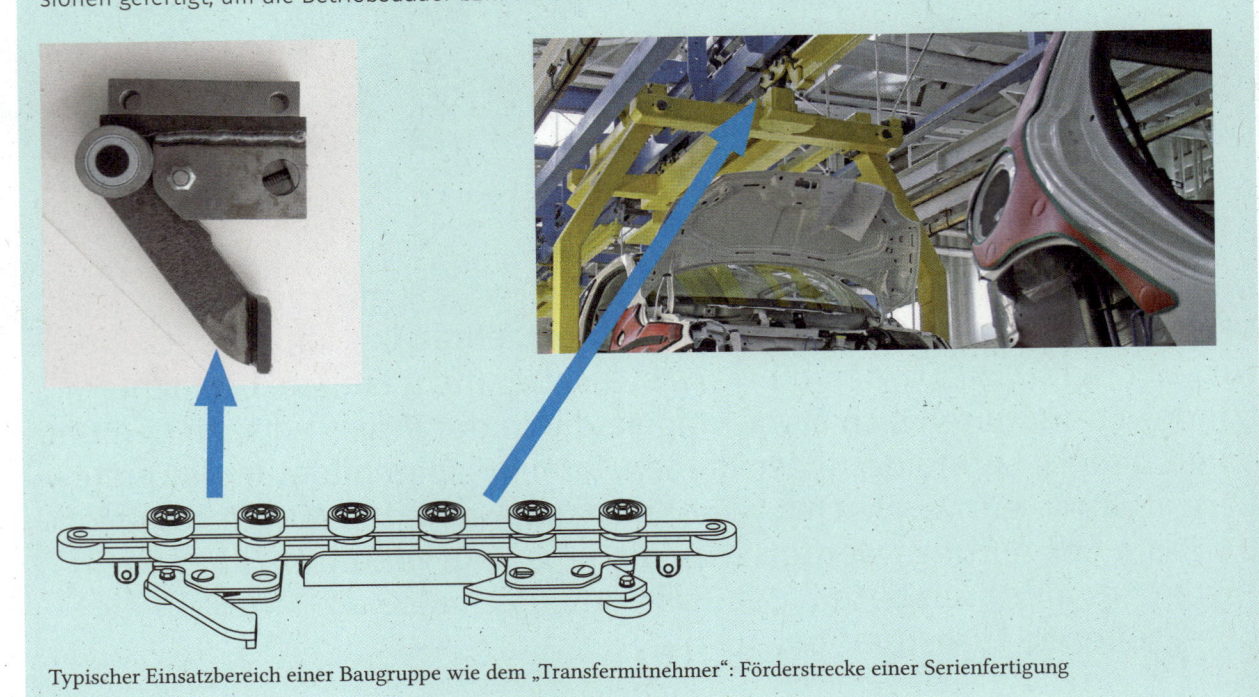

Typischer Einsatzbereich einer Baugruppe wie dem „Transfermitnehmer": Förderstrecke einer Serienfertigung

Arbeitsauftrag

Erkunden Sie zunächst den Einsatzort bzw. Verwendungszweck und das Funktionsprinzip der Baugruppe mithilfe der Informationen in dieser Lernsituation und den Querverweisen. Vergleichen Sie die verschiedenen Konstruktionen hinsichtlich der Einzelteilfertigung und Montage. Als Ergebnis soll eine Vergleichstabelle entwickelt werden, die verschiedene Verfahren zur Fertigung und Montage abbildet und eine Grundlage für eine Entscheidung für eine Konstruktion bietet.

Erfüllen Sie folgende Anforderungen:

1. Funktionsbeschreibung und Darstellung der Beanspruchungen zur Baugruppe.
2. Beschreibung der Einzelteilfertigung und Montage.
3. Erläutern der Bewertungskriterien und deren Gewichtung.
4. Entwicklung einer geeigneten Tabelle, um sich für eine Konstruktion zu entscheiden.
5. Präsentation der Ergebnisse (Beschreibungen, Tabelle und Entscheidung).
6. Zur Bearbeitung des Auftrages das SMART-Modell anwenden.

Lernsituation 1: Optimieren einer fördertechnischen Baugruppe

LS1

🔍 ANALYSIEREN

1. Analysieren Sie die folgende Einzelteilzeichnung zum Transfermitnehmer hinsichtlich manueller bzw. maschineller Fertigungs- und Fügeverfahren.

2. Nutzen Sie die Tabelle, um Ihre Ergebnisse zu dokumentieren.

Fertigungs- bzw. Fügeverfahren	Werkzeuge, Hilfsmittel, Betriebsstoffe	Ich benötige eine Wiederholung	Ich benötige eine weitere Vertiefung	Ich kann noch keine Beschreibungen oder Erläuterungen geben
z. B. manuelles Reiben	Reibahle, …	X		

3. Beurteilen Sie Ihre Kenntnisse bzgl. der Verfahren, mithilfe der rechten Tabellenspalten.

4. Wiederholen Sie ggf. Inhalte in dem Sie z. B. einen groben Plan (ohne Schnittwerte) zur Fertigung des abgebildeten Einzelteils erstellen.

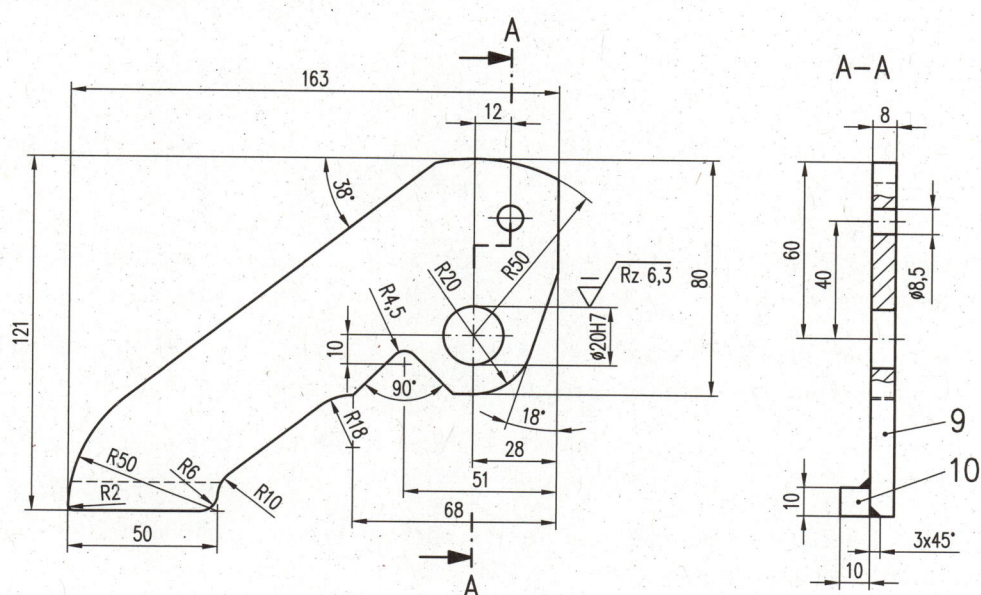

Ausschnitt aus der Einzelteilzeichnung zur Position 8 des Transfermitnehmers

LF3 — Lernfeld 3: _____ Herstellen von einfachen Baugruppen

Nr.:	Fertigungsplan Schweißteil mit Transfermitnehmer (Pos. 8 bzw. 9 und 10)	Werkzeuge

5. Formulieren Sie Fragen oder Prompts für Chat-Programme, z. B. Copilot, ChatGPT, o. Ä., um eine „virtuelle Diskussion" zu den neuen Inhalten durchzuführen, z. B.: „Welche Schweißverfahren sind geeignet, um unlegierten Baustahl mit einer Dicke von 5 mm bis 8 mm zu schweißen?"

_____
_____
_____
_____
_____
_____
_____
_____

6. Verfeinern Sie im Chat Fragen, um ihr Verständnis zu verbessern (z. B. zu Begriffen die in ChatGPT als Antworten verwendet werden).

7. Erstellen Sie im Team eine zusammenfassende Erklärung, z. B. hier: Eingrenzen auf die wesentlichen Aussagen mit konkretem Bezug auf die Fertigung des Transfermitnehmers.

8. Erstellen Sie eine Tabelle, in der die verschiedenen Schweißverfahren übersichtlich verglichen werden.

9. Stellen Sie Thesen auf, welche Bewertungskriterien später beim Vergleichen verschiedener Konstruktionen, entscheidend sein könnten.

Lernsituation 1: Optimieren einer fördertechnischen Baugruppe

LS1

Ziele der Lernsituation

Am Ende dieser Lernsituation können Sie …	✓
… mithilfe technischer Unterlagen und Videos, den Einsatz einer technischen Baugruppe beschreiben.	☐
… den Bewegungsablauf bei Förderung von Lasten mithilfe einer Schleppkette erläutern.	☐
… Bauteile der Baugruppe in einer technischen Zeichnung erkennen.	☐
… Bauteile der Baugruppe hinsichtlich ihrer Funktion im Betrieb erläutern.	☐
… ggf. Fertigungsaufträge für Einzelteile formulieren.	☐
… ein Demontage- und Montageplan zur Baugruppe erstellen.	☐
… die notwendigen Hilfsmittel (Werkzeuge, Betriebsstoffe) auflisten.	☐
… die Anwendung der Hilfsmittel erläutern.	☐
… Sicherheitsaspekte und geeignete Schutzmaßnahmen nennen.	☐
… mögliche Schwierigkeiten beim Demontieren und Montieren beschreiben.	☐
… Maßnahmen zum Überwinden der Schwierigkeiten erläutern.	☐
… in einem Team Aufgaben gerecht verteilen.	☐
… Einzelergebnisse im Team vorstellen.	☐
… konstruktive Rückmeldungen annehmen.	☐
… Rückmeldungen zur Optimierung der eigenen Ergebnisse nutzen.	☐

LF3 Lernfeld 3: Herstellen von einfachen Baugruppen

📖 INFORMIEREN

1. Funktionsanalyse der Baugruppe

Zur Bearbeitung der folgenden Aufgaben sollen die bereitgestellten Informationen (Bilder, Videos etc.) und die folgenden Darstellungen bzw. Beschreibungen genutzt werden.

Beispiel mit ansteigenden und abfallenden Bahnabschnitten zur Veranschaulichung

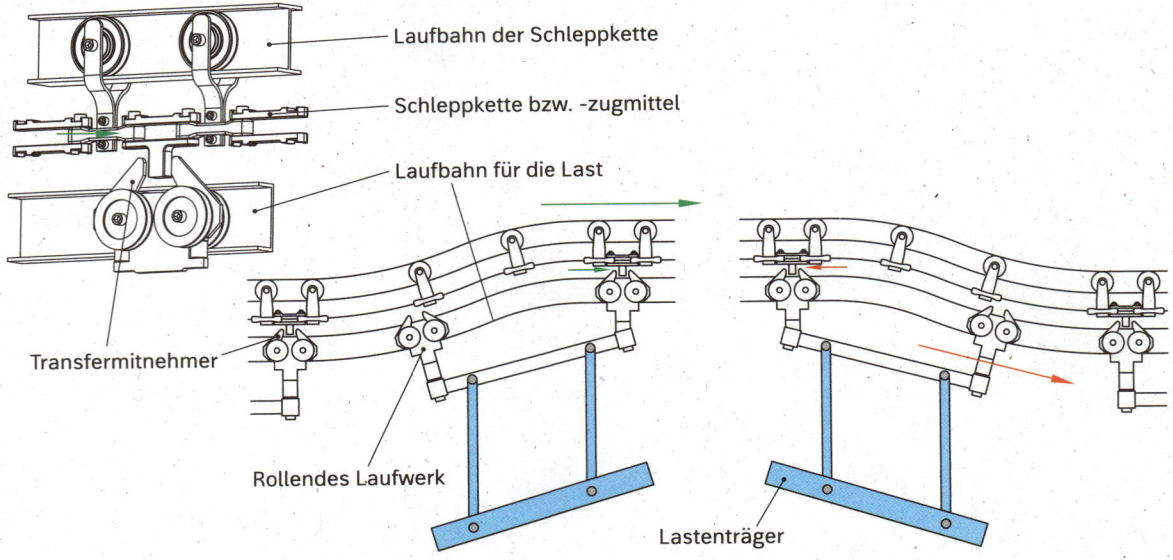

- Laufbahn der Schleppkette
- Schleppkette bzw. -zugmittel
- Laufbahn für die Last
- Transfermitnehmer
- Rollendes Laufwerk
- Lastenträger

Die Lastenträger werden mithilfe der Schleppkette und den Transfermitnehmern bewegt. In diesen dargestellten Abschnitten steigen die Bahnen an bzw. ab. Die Schleppkette wird durch einen elektrischen Motor angetrieben. Mithilfe von Rollen kann die Schleppkette in einer Laufbahn reibungsarm bewegt und geführt werden.

Es gibt verschiedene Möglichkeiten des Einsatzes derartiger Mitnehmer. Ein Beispiel ist das Befördern über verschiedene Ebenen bzw. Stockwerken, so wie hier angedeutet. Der Schleppkettenförderer hat entsprechende einfache Haken, die sich mit viel Spiel zwischen zwei Transfermitnehmern befinden.

Das Ein- und Aushaken des Lastträgers kann auf verschiedene Art und Weise geschehen. Eine Möglichkeit ist das vertikale Ein- und Aushaken. Die Schleppkette kommt in diesem Fall von oben und greift mit dem Haken zwischen die Mitnehmer.

1.1 Bewegungsabläufe

Beschreiben Sie mithilfe der Bilder, wie der Transfermitnehmer in den Abfolgen wirkt. Betrachten Sie dazu die Pfeile für die Geschwindigkeiten der Schleppkette und Lastenträger an den „Haken" der Transfermitnehmer. Nutzen Sie dazu folgende Begriffe: *beschleunigen, bremsen, überholen, mitnehmen, einholen, Kraft*

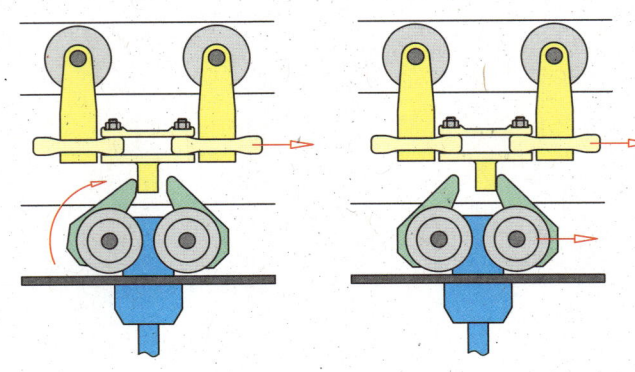

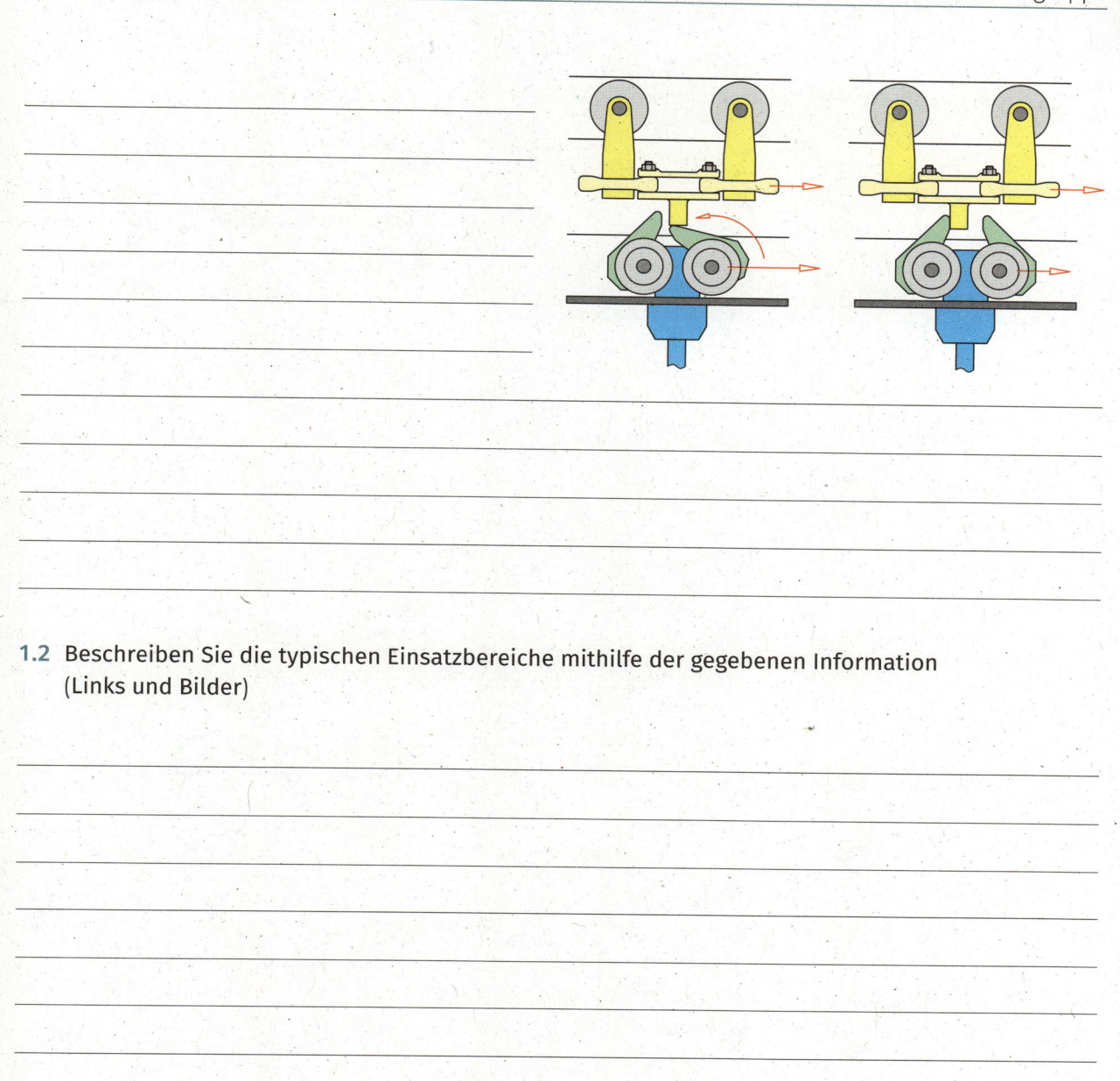

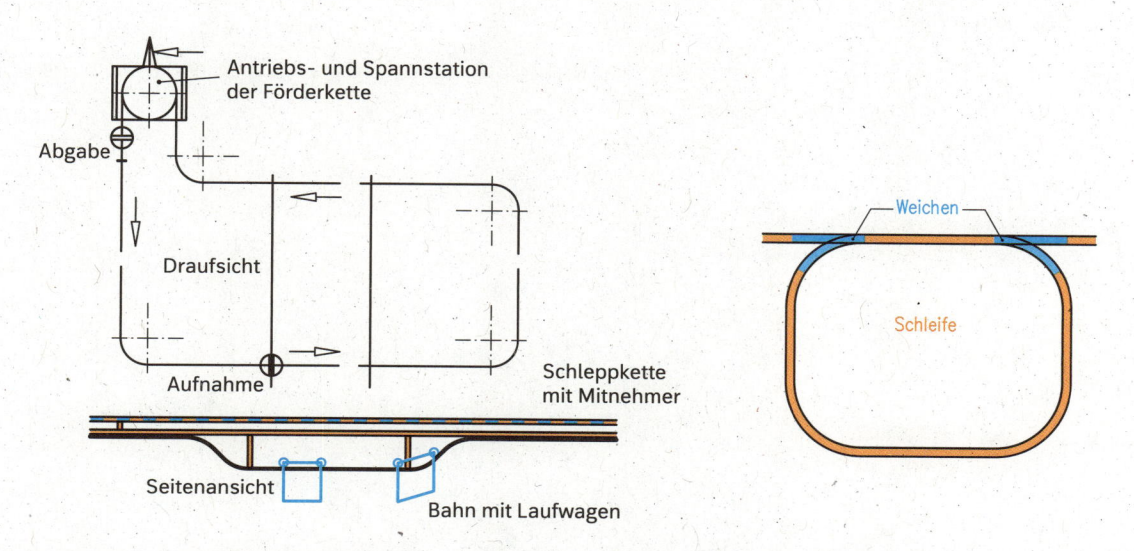

Lernsituation 1: Optimieren einer fördertechnischen Baugruppe   **LS1**

1.2 Beschreiben Sie die typischen Einsatzbereiche mithilfe der gegebenen Information (Links und Bilder)

Draufsicht und Seitenansicht einer Förderstrecke mit einem vertikalem Bahnabschnitt zum Ein- und Ausklinken der Lasten und Draufsicht einer Schleife mit Weichen

1.3 Belastung des Transfermitnehmers im Betrieb

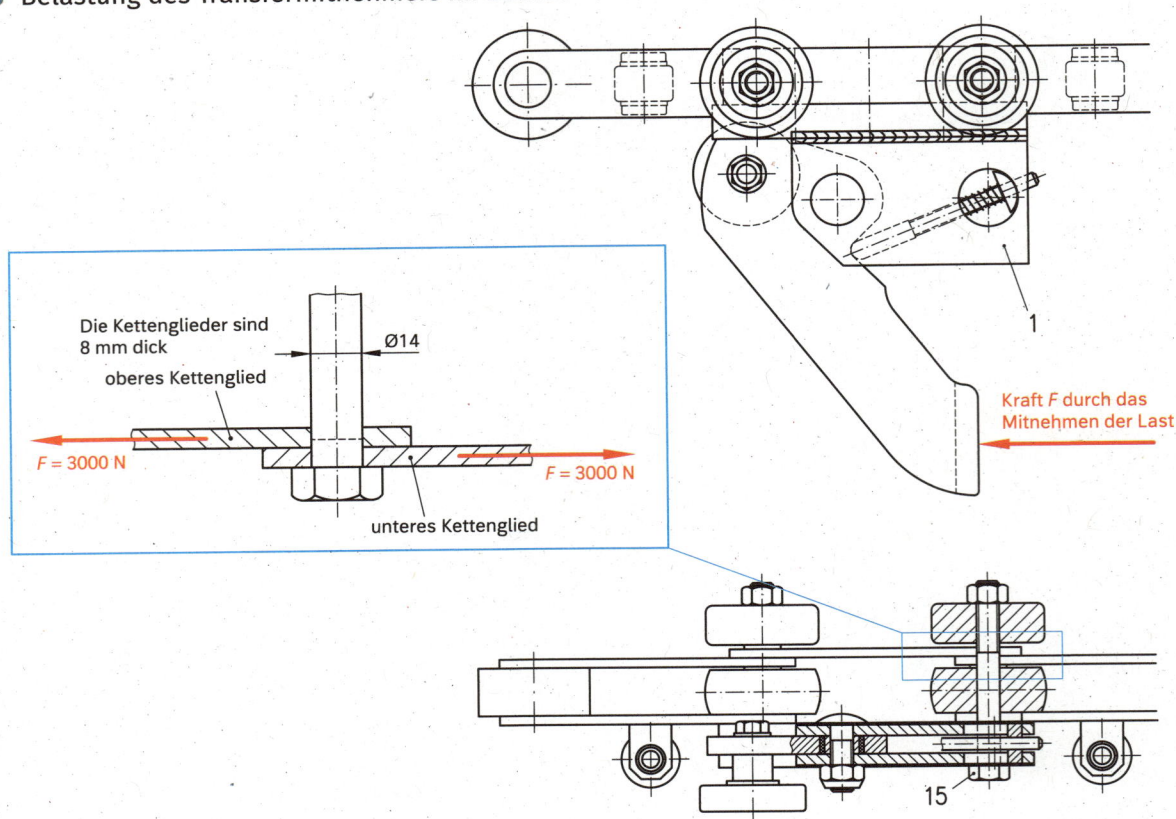

Die Kettenglieder sind 8 mm dick
oberes Kettenglied
Ø14
$F = 3000\ N$
$F = 3000\ N$
unteres Kettenglied

Kraft F durch das Mitnehmen der Last

Im Betrieb entstehen durch das Mitnehmen der Lasten stoßartige Belastungen auf den Transfermitnehmer. Der Stoß wird von der Position 1 (Schweißteil) aufgenommen und auf die Kettenglieder und somit auch auf den Sechskantbolzen, Position 15, weitergegeben. Die Kettenglieder werden durch den Sechskantbolzen zusammengehalten. Das obere Kettenglied bewirkt eine Kraft nach links und das untere Kettenglied nimmt die Kraft auf, d.h. es wirkt eine entgegengesetzte Belastung. Es werden also sowohl die Kettenglieder als auch der Sechskantbolzen belastet. Während der Sechskantbolzen auf Abscherung und Flächenpressung beansprucht wird, werden die Kettenglieder auf Zug und Flächenpressung belastet.

a) Berechnen Sie die Abscherspannung am Sechskantbolzen und die Flächenpressung an einem Kettenglied mit Hilfe der gegebenen Daten.

b) Zugbelastung: Die Kettenglieder bestehen aus X10 Cr Ni 18-8. Ist die Dehngrenze ausreichend, wenn die Kettenglieder 30 mm breit sind und eine doppelte Sicherheit gegeben sein soll?

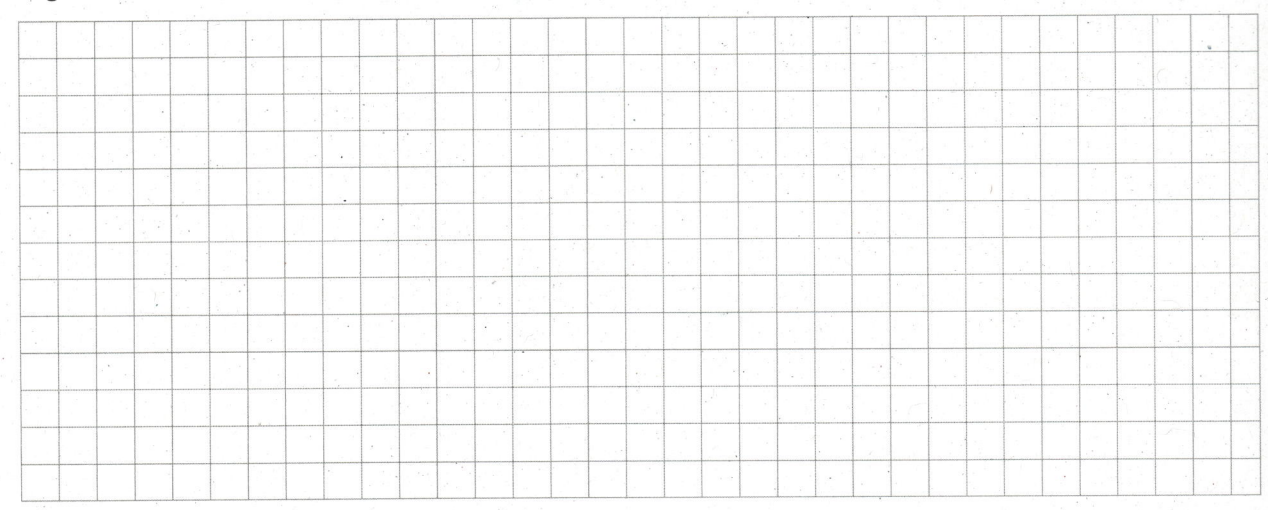

Lernsituation 1: Optimieren einer fördertechnischen Baugruppe **LS1**

Durch die „Klappbewegung" des Transfermitnehmers wird die Druckfeder regelmäßig zusammengedrückt. Daher gehört die Feder mit zu den höchst beanspruchten Bauteilen. Sie wird am Ende ihrer Betriebszeit brechen und somit zur Funktionslosigkeit des Transfermitnehmers führen.

Belastungen und Verschleiß im Betrieb:

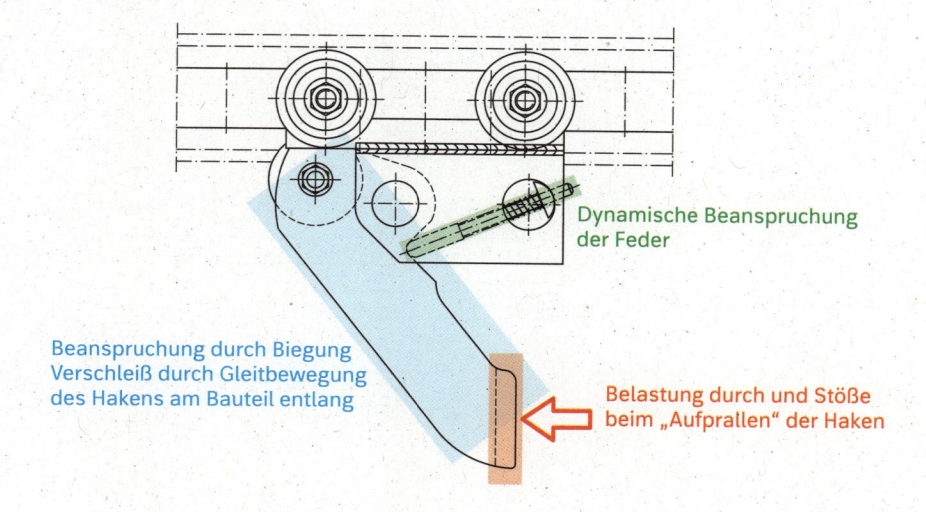

Dynamische Beanspruchung der Feder

Beanspruchung durch Biegung
Verschleiß durch Gleitbewegung des Hakens am Bauteil entlang

Belastung durch und Stöße beim „Aufprallen" der Haken

2. Aufbau des Transfermitnehmers

2.1 Markieren Sie die sichtbaren, also nicht verdeckten, Flächen der aufgeführten Bauteile farbig, in allen Ansichten der Gesamtzeichnung. Dies betrifft auch Schnittflächen. Positionen: 1, 8, 22, 28 und 29.

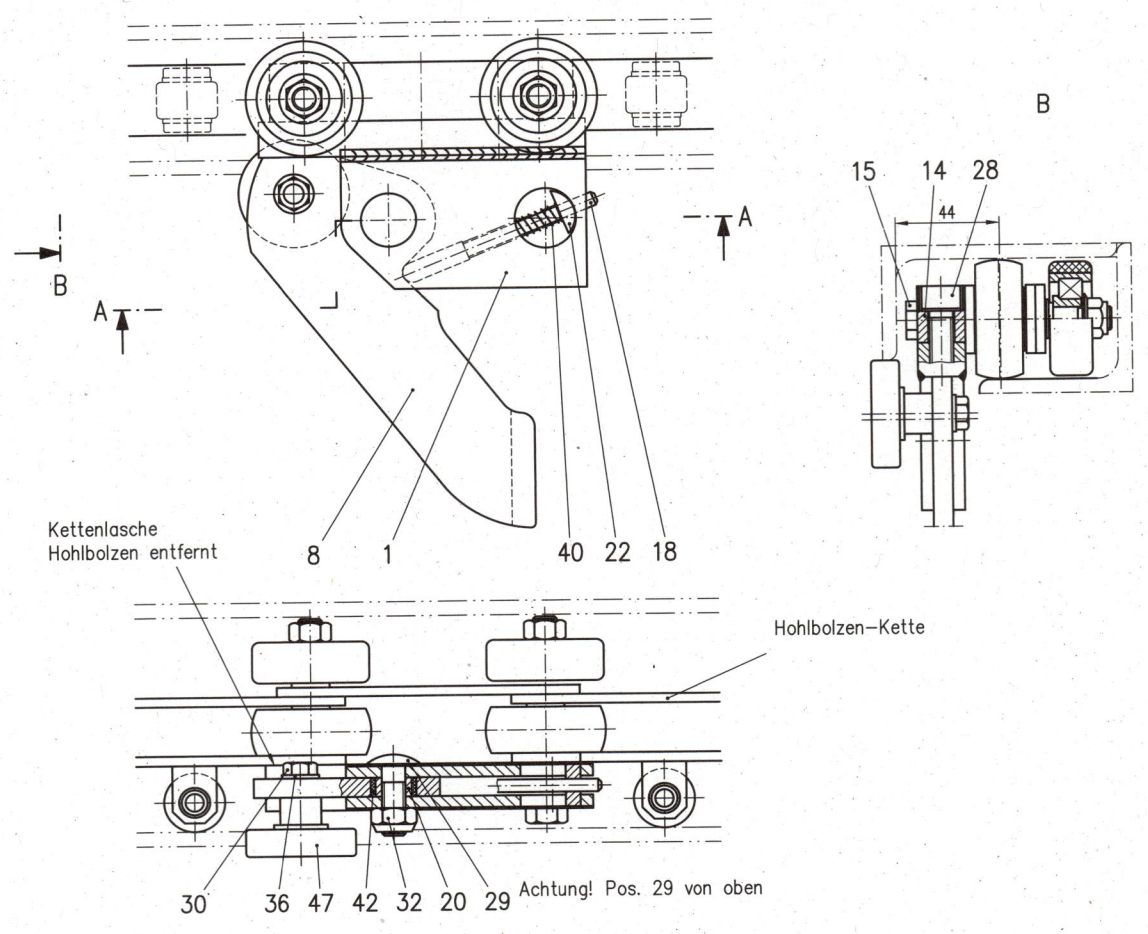

Hinweis zur Stückliste:
Position 1 ist aus Pos. 2, Pos. 3 und Pos. 4 zusammengeschweißt (siehe nächste Seite)
Position 8 ist aus Pos. 9 und Pos. 10 zusammengeschweißt

Pos.	Menge	Einheit	Benennung	Norm-Kurzbezeichnung	Bemerkung
47	1	Stck	Zapfenlaufrolle	ZL 203 NPDU	
42	1	Stck	DU-Buchse	16/20x16,6 (halbiert)	42_3709
40	1	Stck	Druckfeder	$d = 1{,}25$ $D_m = 7{,}25$ $L_0 = 57{,}5$ $i_f = 20$	DIN 2098
36	1	Stck	Scheibe	A 8,4	125 ST
32	3	Stck	Sicherungsmutter	M10 DIN 980	
30	1	Stck	Sechskantschraube	M8x30 DIN 933	
29	1	Stck	Flachrundschraube	M10x30 DIN 603	
28	3	Stck	Zylinderschraube	M10x30	
22	1	Stck	Gelenk	Rd 25x19 DIN EN 10277	11 SMn30+C
20	1	Stck	Buchse	ø18x10 DIN EN 10277	11 SMn30+C
18	1	Stck	Druckbolzen	ø8x92 DIN EN 10277	11 SMn30+C
15	2	Stck	Sechskantbolzen	6kt 17x90 DIN 176	C45+C
14	1	Stck	Stahlblech	25x20x133 DIN EN 10278	S235JRG2C+C
10	1	Stck	Vierkantstahl	10x10x53 DIN 1014	S235JRG2
9	1	Stck	Stahlblech	8x1000x2000 DIN EN 10029	S235JRG2
8	1	Stck	Schweißteil		
4	1	Stck	Flachstahl	60x5x108 DIN EN 10278	S235JRG2C+C
3	1	Stck	Flachstahl	60x5x108 DIN EN 10278	S235JRG2C+C
2	2	Stck	Flachstahl	20x15x143 DIN EN 10278	S235JRG2C+C
1	1	Stck	Schweißteil		

Ansichten zum Transfermitnehmer und Ausschnitte aus der Originalstückliste

Lernsituation 1:   Optimieren einer fördertechnischen Baugruppe

LS1

In einer Weiterentwicklung ist im Wesentlichen die Herstellung der Position 1 verändert worden. Um die Unterschiede erkennen zu können, werden hier die zwei Versionen gegenübergestellt.

2.2 Die Darstellung verdeckter Kanten soll in Zeichnungen vermieden werden. Erstellen Sie Zeichnungen zu beiden Versionen der Position 1 ohne das Zeichnen von verdeckten Kanten. Legen Sie entsprechende Schnittdarstellungen fest, um eine anschauliche Darstellung zu erhalten.

2.3 Beschreiben Sie zunächst die Anforderungen hinsichtlich Belastung des Bauteils durch die Kräfte im Betrieb.

2.4 Erläutern Sie grob die Unterschiede zwischen der geschweißten und gefrästen Version hinsichtlich der Fertigung.

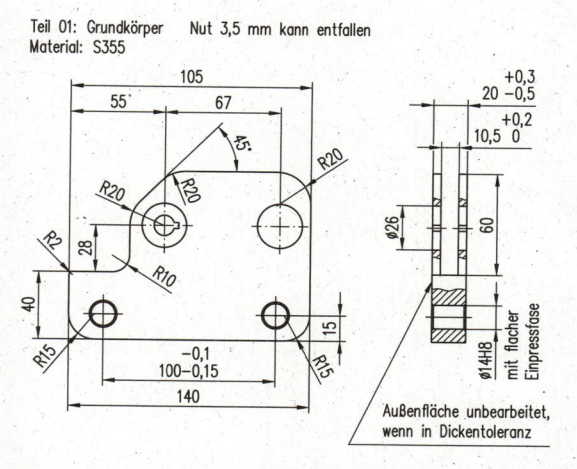

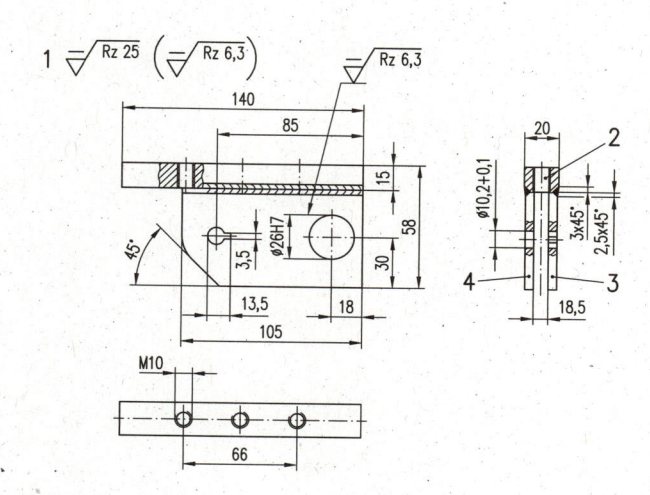

Gegenüberstellung Schweiß- und Fräskonstruktion der Position 1

Merkmal	neu	alt
Anzahl Bauteile		
Fertigungsverfahren		

LF3 Lernfeld 3: _____ Herstellen von einfachen Baugruppen

📋 PLANEN

Es soll nun der Vergleich der Konstruktionen vorbereitet werden.

Ziel: _____
_____

Vorgehen: _____
_____
_____
_____

Bewertungskriterien: _____
_____
_____
_____

Gewichtung: Nach der Recherche festlegen!

Gestaltung einer Tabelle zum Vergleich:

Bewertungskriterium	Bewertung	Gewichtung	Gesamteinschätzung Bewertung x Gewichtung

🔧 DURCHFÜHREN

Um den Vergleich durchführen zu können, müssen die Konstruktionen verglichen und somit zuvor analysiert werden:

1. Dazu sind Fragen zu sammeln. Dies soll mithilfe einer kurzen Kartenabfrage durchgeführt werden.

Zur Beantwortung der Fragen sind entsprechende Recherchen durchzuführen und die Ergebnisse übersichtlich zu dokumentieren.

Lernsituation 1: Optimieren einer fördertechnischen Baugruppe

LF3 Lernfeld 3: Herstellen von einfachen Baugruppen

1.1 Schweißkonstruktion

Arbeitsplan für Position 1 und 2 des Transfermitnehmers			
Blatt	Zeichnungs-/Dokumentnummer:	Datum:	Bearbeiter/-in:
Nr.:	Arbeitsschritt/Tätigkeit	Werkzeug, Material, Hilfsstoff	Bemerkungen, technologische Daten, Arbeitssicherheit/Umweltschutz

Lernsituation 1: Optimieren einer fördertechnischen Baugruppe

Bewertungskriterium		Bewertung	Gewichtung	Gesamteinschätzung Bewertung x Gewichtung

LF3 Lernfeld 3: Herstellen von einfachen Baugruppen

1.2 Fräskonstruktion

Arbeitsplan für Position 1 und 2 des Transfermitnehmers

Blatt	Zeichnungs-/Dokument-nummer:	Datum:	Bearbeiter/-in:
Nr.:	Arbeitsschritt/Tätigkeit	Werkzeug, Material, Hilfsstoff	Bemerkungen, technologische Daten, Arbeitssicherheit/Umweltschutz

Lernsituation 1: Optimieren einer fördertechnischen Baugruppe **LS1**

Bewertungskriterium	Bewertung	Gewichtung	Gesamteinschätzung Bewertung x Gewichtung

AUSWERTEN

Sie haben bis hier zwei verschiedene Konstruktionen verglichen und bewertet. Gestalten Sie eine abschließende Präsentation, um Ihren Entscheidungsprozess darlegen zu können.

LF3 Lernfeld 3: Herstellen von einfachen Baugruppen

Erstellen einer Montageanweisung für ein Schneidwerkzeug

Betriebliche Ausgangssituation

Sie sind im Werkzeugbau eines Herstellers von Blechbauteilen tätig. Dort sind neben Wartungsarbeiten auch immer wieder Neuanfertigungen von Stanzwerkzeugen zu bearbeiten.

Um die zukünftig anfallenden Wartungsarbeiten des neu hergestellten Schneidwerkzeuges „Ronde" besser zu organisieren, werden Sie mit der Erstellung einer Montageanweisung beauftragt.

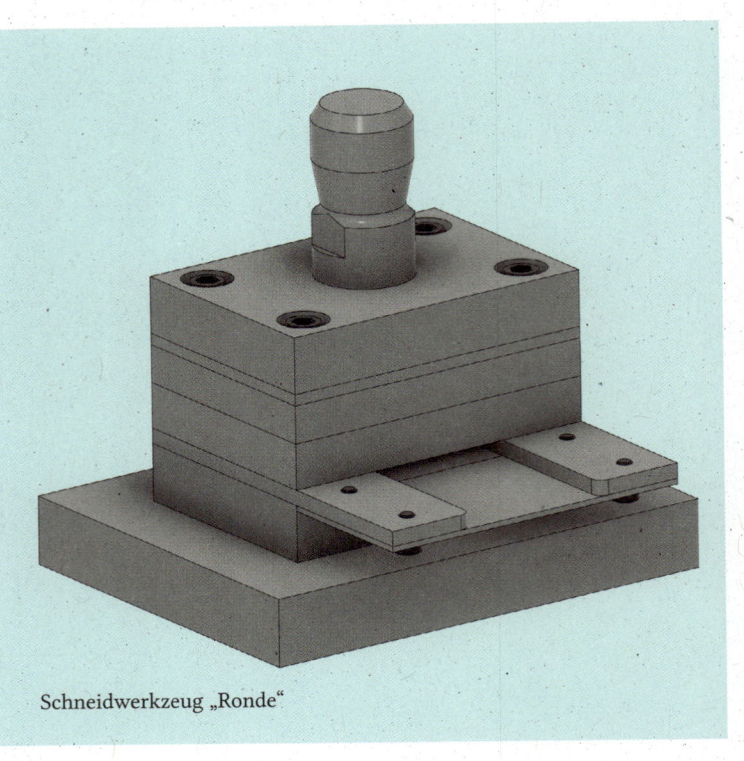

Schneidwerkzeug „Ronde"

Arbeitsauftrag

Erstellen Sie eine Montageanweisung für das Schneidwerkzeug „Ronde", die es zukünftig erleichtern soll, das Werkzeug zu montieren.

Neben dem Montageablauf soll aus der Montageanweisung auch hervorgehen,

- wie das Schneidwerkzeug nach erfolgreicher Montage funktioniert,
- was bei der Montage zu beachten ist.

Ihr Auftrag bezieht sich dabei lediglich auf die Montage. Die Einzelteile werden fertig bearbeitet zur Verfügung gestellt.

Erfüllen Sie folgende Anforderungen:

1. Die Montageanweisung soll Folgendes enthalten:
   - eine Funktionsbeschreibung des Schneidwerkzeuges
   - einen tabellarischen Montageplan
   - Hinweise zum Arbeits- und Umweltschutz
   - Dokumente zur Funktionsprüfung

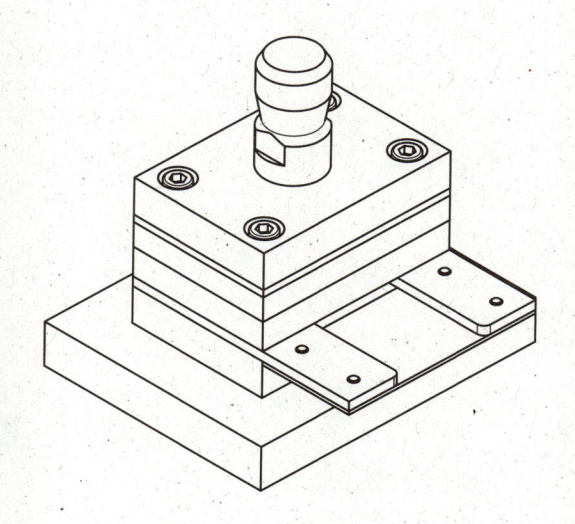

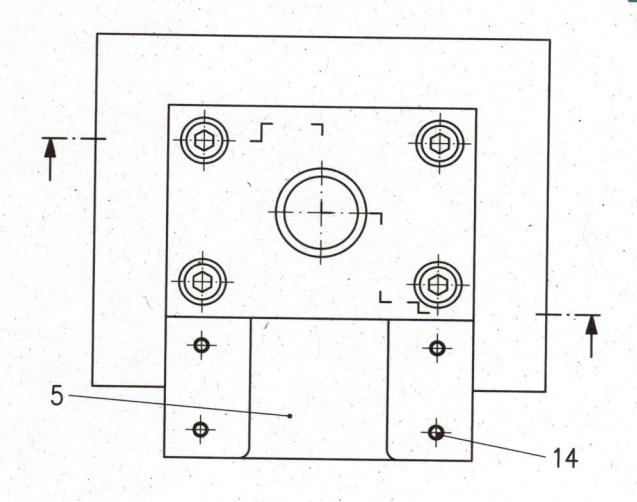

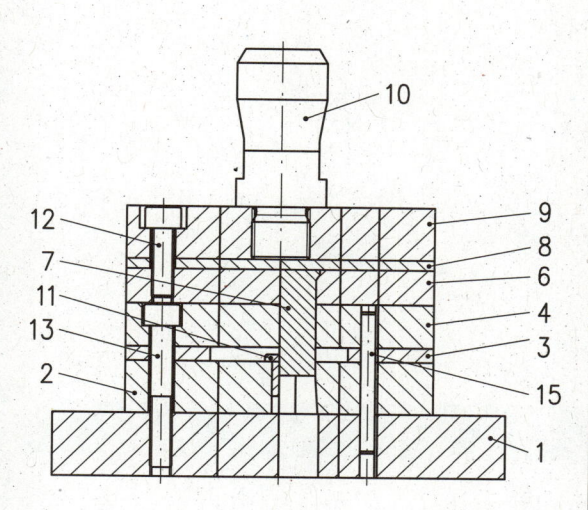

Lernsituation 2: Erstellen einer Montageanweisung für ein Schneidwerkzeug

LS2

Pos.-Nr.	Menge	Benennung	Bemerkung (Norm, Material)
15	4	Zylinderstift	ISO 8734 - 4 × 40 - A - St
14	4	Zylinderschraube	ISO 4762 - M3 × 6
13	4	Zylinderschraube	ISO 4762 - M6 × 40
12	4	Zylinderschraube	ISO 4762 - M6 × 20
11	1	Anlagestift	C15E
10	1	Einspannzapfen	ISO 10242 - 1A - 25 × M16
9	1	Kopfplatte	C45U
8	1	Druckplatte	C105U
7	1	Schneidstempel	90MnCrV8
6	1	Stempelhalteplatte	C45U
5	1	Auflageblech	E295
4	1	Führungsplatte	C45U
3	2	Zwischenlage	C45U
2	1	Schneidplatte	C105U
1	1	Grundplatte	E295

Gesamtzeichnung Schneidwerkzeug „Ronde"

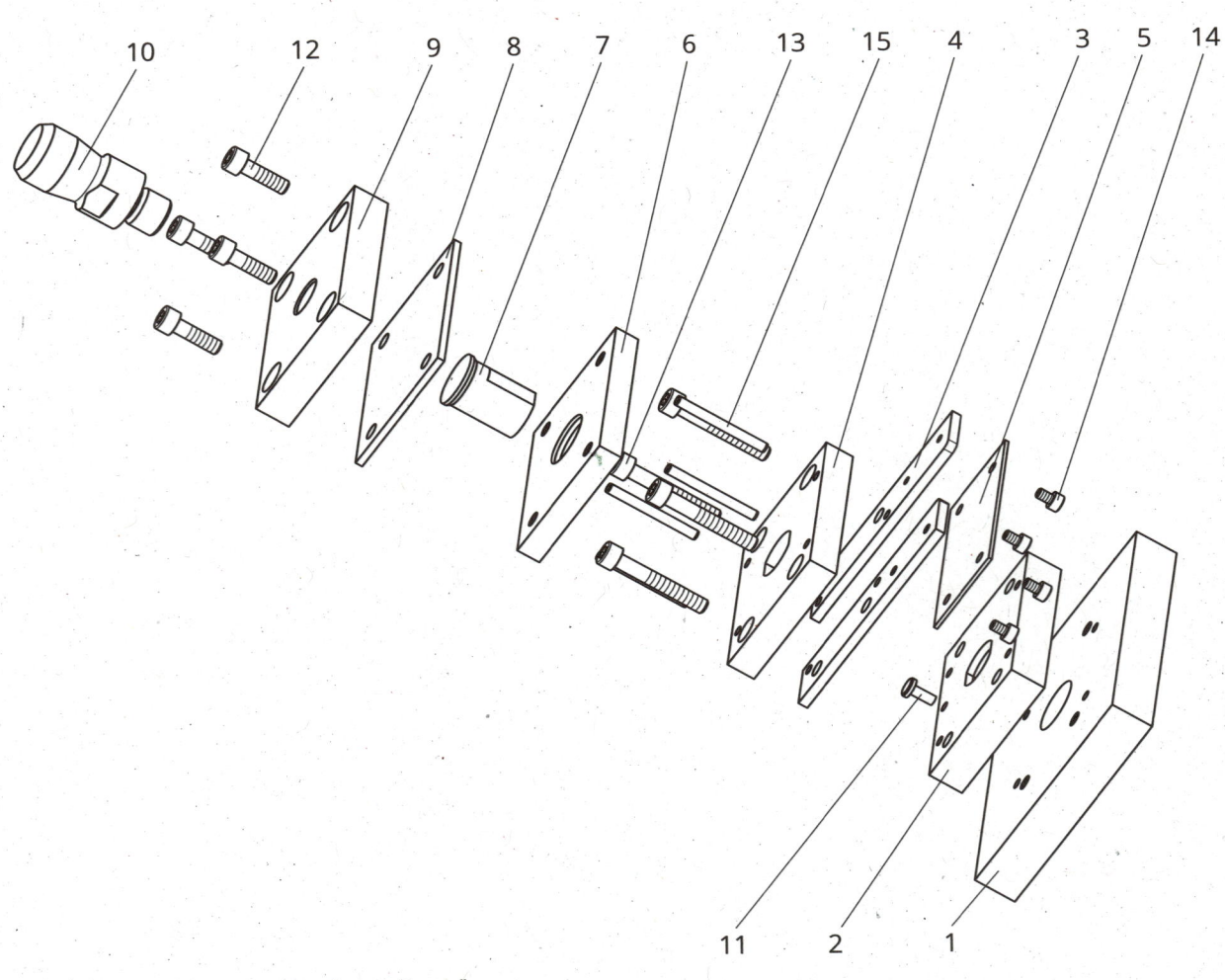

LF3 Lernfeld 3: Herstellen von einfachen Baugruppen

Explosionsdarstellung Schneidwerkzeug „Ronde"

🔍 ANALYSIEREN

1. Verschaffen Sie sich einen Überblick über den Auftrag und erstellen Sie eine Anforderungsliste (welche Aufgaben sind wie zu erledigen?).

2. Welches Vorwissen und welche Erfahrungen haben Sie im Zusammenhang mit diesem Thema? Tauschen Sie sich mit einer Lernpartnerin bzw. einem Lernpartner aus.

3. Welche Materialien benötigen Sie, um den Auftrag erfüllen zu können?

Ziele der Lernsituation

Am Ende dieser Lernsituation können Sie…	✓
… die Wirkprinzipien von Schrauben- und Stiftverbindungen beschreiben.	☐
… verschiedene Verbindungen in einer technischen Zeichnung erkennen.	☐
… Gesamtzeichnungen und Explosionsdarstellungen unterscheiden und auswerten.	☐

Lernsituation 2: Erstellen einer Montageanweisung für ein Schneidwerkzeug

LS2

… Stücklisten auswerten und Normbezeichnungen aufschlüsseln.	☐
… das Anziehdrehmoment für Schraubenverbindungen berechnen.	☐
… die Montage einfacher Baugruppen planen und beschreiben.	☐
… einen tabellarischen Montageplan erstellen.	☐
… Darstellungsvarianten für Montagepläne anwenden.	☐
… mithilfe verschiedener Quellen (Fachbuch, Internet, technische Unterlagen wie Zeichnungen) das Erstellen einer Montageanweisung vorbereiten.	☐
… Verantwortung für die Sicherheit am Arbeitsplatz für sich und andere übernehmen.	☐
… eine Funktionsprüfung vorbereiten und durchführen.	☐
… einfache Prüfpläne und Prüfprotokolle erstellen.	☐
… den Qualitätsbegriff erklären.	☐
… in einem Team Aufgaben angemessen verteilen.	☐
… Einzelergebnisse im Team vorstellen.	☐
… konstruktive Rückmeldungen geben und annehmen.	☐
… Rückmeldungen zur Optimierung der eigenen Ergebnisse nutzen.	☐

INFORMIEREN

1. Einführende Informationen

1.1 Überlegen Sie, welche Aufgaben das Schneidwerkzeug erfüllen soll, und schauen Sie sich dazu die technischen Unterlagen an, die Ihnen zur Verfügung stehen. Wenn Sie sich einen Überblick verschafft haben, listen Sie stichpunktartig Ihre Erkenntnisse auf.

_____

_____

_____

1.2 Eine Anforderung an Ihre Montageanweisung ist das Erklären der Funktion des Schneidwerkzeuges. Erstellen Sie dazu auf der Grundlage Ihrer Erkenntnisse aus Aufgabe 1 eine Funktionsbeschreibung. Nutzen Sie auch die folgende Abbildung.

> Hinweis: Bauteile werden mit ihrer Benennung und ihrer Positionsnummer genannt, z. B. „Stempel (7)".

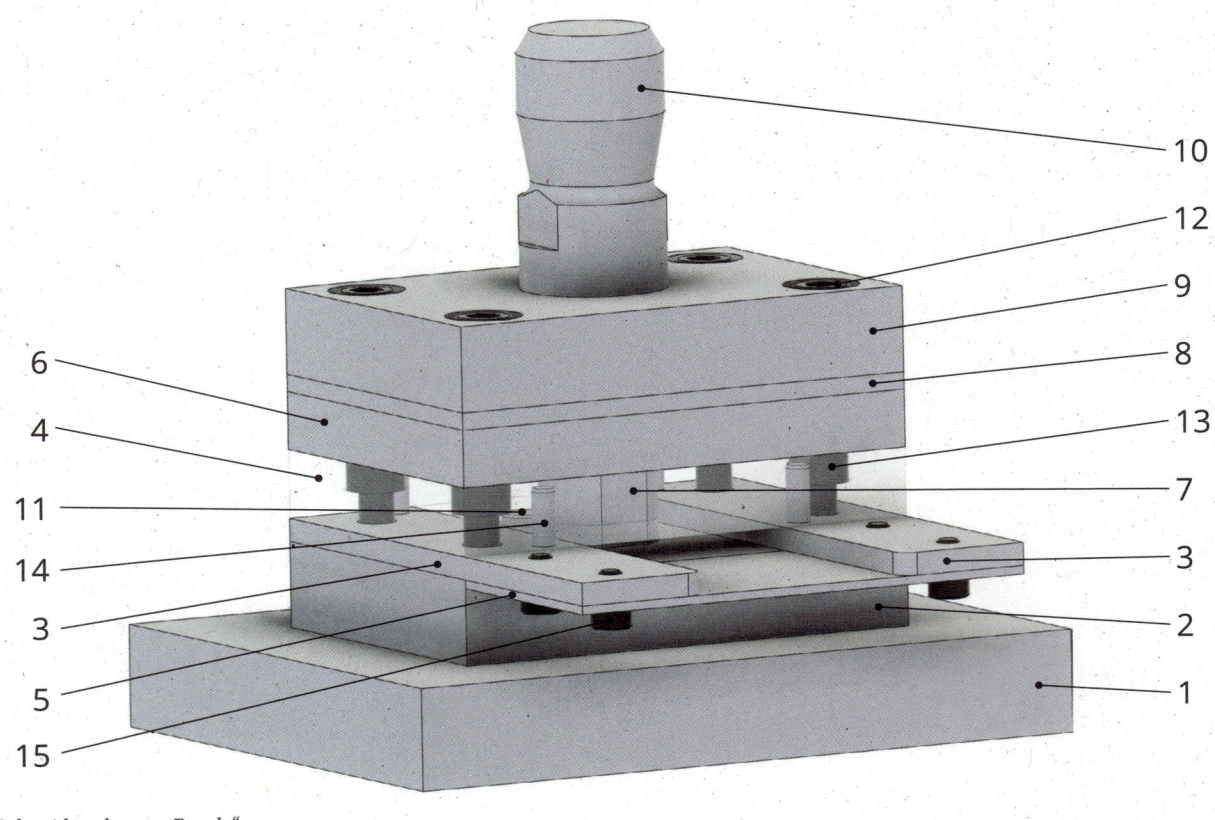

LF3 Lernfeld 3: Herstellen von einfachen Baugruppen

Schneidwerkzeug „Ronde"

Lernsituation 2: Erstellen einer Montageanweisung für ein Schneidwerkzeug **LS2**

1.3 Analysieren Sie erneut die technischen Unterlagen. Welche Verbindungen/Fügeverfahren werden verwendet, um die einzelnen Bauteile zu einem Schneidwerkzeug zu verbinden? Antworten Sie in Stichpunkten.

_____

_____

1.4 Die Verbindungen/Fügeverfahren arbeiten nach verschiedenen Wirkprinzipien. Beschreiben Sie diese und geben Sie jeweils das Wirkprinzip der verwendeten Verbindungen im Schneidwerkzeug an.

_____

_____

_____

_____

_____

_____

_____

_____

_____

1.5 In den technischen Unterlagen des Schneidwerkzeugs finden Sie eine Stückliste (Seite 115). Darin sind alle Bauteile mit ihrer Positionsnummer nach der Gesamtzeichnung aufgelistet.

a) Analysieren Sie die Stückliste und listen Sie auf, welche verschiedenen Informationen Sie ihr entnehmen können.

_____

_____

_____

_____

b) Sie werden feststellen, dass sich die Informationen teilweise sehr unterscheiden. Das liegt daran, dass man nach Herstell- und Normteilen unterscheidet. Markieren Sie die Teile verschiedenfarbig oder erstellen Sie zwei Listen, um eine Unterscheidung nach Herstellteilen und Normteilen vorzunehmen.

_____

_____

_____

_____

LF3 Lernfeld 3: Herstellen von einfachen Baugruppen

c) Erklären Sie exemplarisch die Normbezeichnung der Zylinderkopfschraube (Pos. 12) und des Zylinderstiftes (Pos. 15).

_____
_____
_____
_____
_____
_____
_____

2. Schraubenverbindungen

2.1 Eine Information zu den Zylinderkopfschrauben (Pos. 12) ging nicht aus der Stückliste hervor. Auf dem Schraubenkopf stehen die Kennzahlen 8.8, sie geben die Festigkeitsklasse an. Informieren Sie sich über die Bedeutung dieser Angabe.

a) Welche Werte ergeben sich aus der Kennzahl 8.8?

_____
_____

b) Erklären Sie kurz die Begriffe Streckgrenze und Zugfestigkeit und beziehen Sie dabei mit ein, warum dickere Schrauben höheren Belastungen standhalten.

_____
_____
_____
_____
_____
_____
_____

2.2 Beim Anziehen einer Schraube entsteht ebenfalls eine Kraft, die eine Zugspannung in der Schraube auslöst. Diese Kraft kann man berechnen, ebenso wie die daraus resultierende Spannung.

Führen Sie diese Berechnungen exemplarisch wieder für die Zylinderkopfschrauben (Pos. 12 auf Seite 115) durch. Gehen Sie von folgenden Werten aus: Beim Anziehen der Schraube wird ein Werkzeug mit einer Hebellänge von 100 mm verwendet. Die angreifende Handkraft beträgt 80 N und der Wirkungsgrad soll mit $\eta = 0{,}15$ angenommen werden.

a) Ermitteln Sie zunächst die Gewindesteigung P der Zylinderschraube (Pos. 12).

_____

Lernsituation 2: Erstellen einer Montageanweisung für ein Schneidwerkzeug

b) Berechnen Sie nun das Anzugsdrehmoment M_A, das beim Anziehen entsteht.

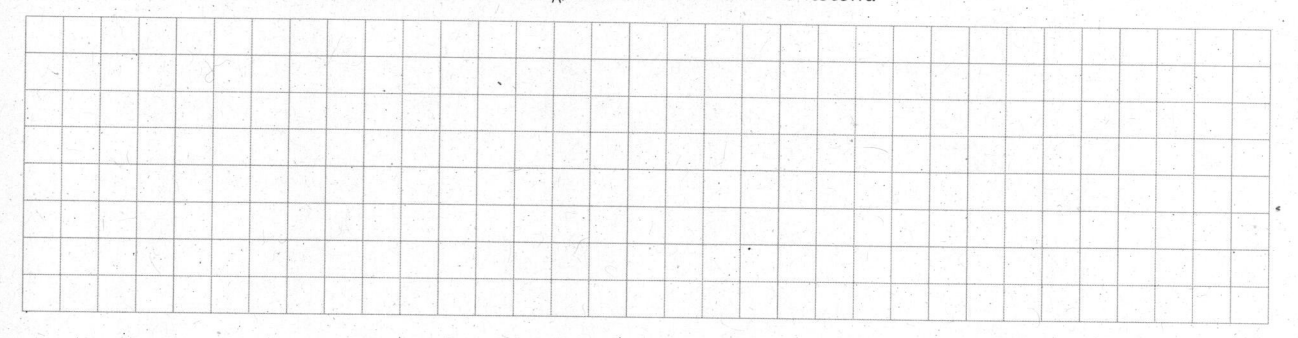

c) Berechnen Sie die Vorspannkraft F_V, die durch das Anziehen in der Schraube entsteht.

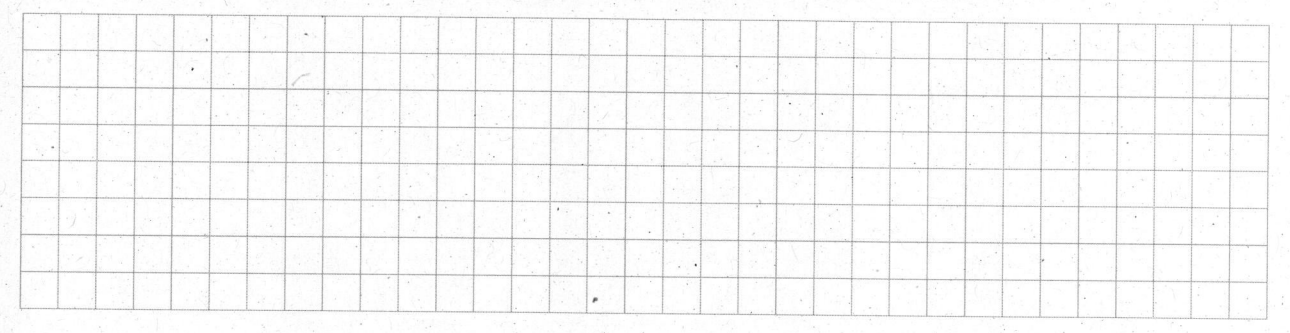

d) Berechnen Sie, welche Spannung in der angezogenen Schraube herrscht, und beurteilen Sie, ob die Schraube unter diesen Voraussetzungen beschädigt wird oder nicht.

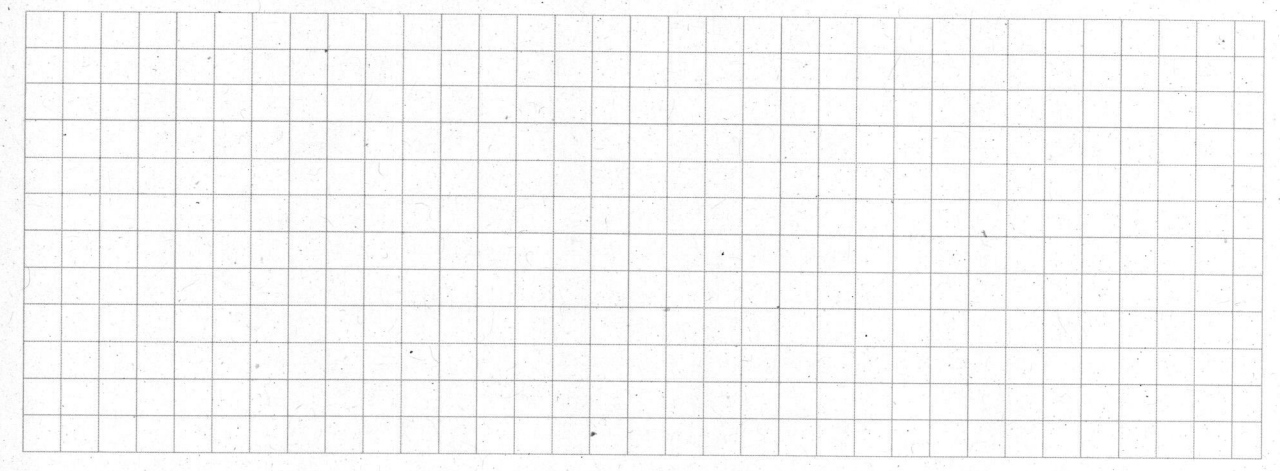

2.3 Sie wissen nun, dass Schrauben durch zu festes Anziehen beschädigt werden können, und Sie sind in der Lage zu berechnen, ob eine Schraube zu fest angezogen wird. Überlegen Sie, wie das während der Montage überprüft werden kann. Wählen Sie ein geeignetes Werkzeug und beschreiben Sie kurz dessen Funktion und Handhabung.

LF3 Lernfeld 3: Herstellen von einfachen Baugruppen

3. Stiftverbindungen

3.1 Die Bauteile des Werkzeugunterteils (Seite 115 die Pos. 1, 2, 3 und 4) sind mit vier Zylinderstiften (Pos. 15) und vier Zylinderschrauben (Pos. 12) verbunden. Beschreiben Sie kurz die Aufgaben der Zylinderstifte und der Zylinderschrauben bei einer solchen Verbindung.

> Tipp: Überlegen Sie zunächst, was passieren würde, wenn man nur eines der beiden Bauteile verwenden würde.

3.2 Welche Passungsart liegt zwischen Zylinderstift (Pos. 15) und Schnittplatte (Pos. 2) vor? Erläutern Sie kurz Ihren Lösungsweg.

PLANEN

1. Die Arbeitsschritte zur Montage einer Baugruppe stellt man häufig in einem tabellarischen Montageplan dar. Sie sollen einen solchen für die Montage des Schneidwerkzeuges erstellen. Ihr Montageplan soll neben den Montageschritten auch alle benötigten Werkzeuge und Hilfsmittel enthalten.

Alternativ können Sie auch ein Flussdiagramm erstellen, um die Montageschritte strukturiert darzustellen.

Lernsituation 2: Erstellen einer Montageanweisung für ein Schneidwerkzeug

LS2

Montageplan Schneidwerkzeug			
Blatt	Zeichnungs-/Dokumentnummer:	Datum:	Bearbeiter/-in:
Nr.	Arbeitsgang	Werkzeuge, Material, Hilfsmittel	Bemerkung/technologische Daten/Arbeitssicherheit/ Umweltschutz
1	Sichtprüfung aller Bauteile		

Lernfeld 3: Herstellen von einfachen Baugruppen

2. Welche Bestimmungen des Arbeits- und Umweltschutzes sollten bei Montagetätigkeiten beachtet werden (Antwort in Stichpunkten).

🛠 DURCHFÜHREN

1. Dass es sinnvoll ist zu überprüfen, ob das fertig montierte Schneidwerkzeug auch funktioniert, dürfte auf der Hand liegen. Aus welchen Gründen werden die Funktionsprüfungen dann durchgeführt und zusätzlich protokolliert?

2. Vermutlich sind Sie in Aufgabe 1 u.a. auf das Stichwort „Qualität" gestoßen. Recherchieren Sie die Definition für Qualität und geben Sie diese in eigenen Worten wieder.

3. Überlegen Sie, wie ein Prüfplan und das zugehörige Prüfprotokoll für das Schneidwerkzeug aufgebaut sein sollten. Beschreiben Sie zunächst kurz die Funktion dieser beiden Dokumente. Erstellen Sie dann beide Dokumente für die Funktionsprüfung des Schneidwerkzeugs (entweder hier im Heft oder separat/digital).

Lernsituation 2: Erstellen einer Montageanweisung für ein Schneidwerkzeug

Lernfeld 3: Herstellen von einfachen Baugruppen

AUSWERTEN

1. Überlegen Sie in Ihrer Lerngruppe gemeinsam, welche der von Ihnen bearbeiteten Aufgaben die Inhalte behandelt haben, die Ihre Montageanweisung enthalten muss, um die Anforderungen des gestellten Arbeitsauftrages zu erfüllen.

2. Stellen Sie Ihre Montageanweisung „Schneidwerkzeug" aus Ihren bisher erarbeiteten Ergebnissen zu einem Dokument zusammen. Wenn nötig, nehmen Sie noch einmal Optimierungen vor und erarbeiten Sie fehlende Inhalte, bevor Sie Ihre Montageanweisung zur Überprüfung an Ihre Lehrkraft abgeben.

Lernsituation 3: Herstellen einer einfachen Spannvorrichtung **LS3**

Herstellen einer einfachen Spannvorrichtung

Betriebliche Ausgangssituation

Für 100 Stück Gleitschieber wurden die Steuerhebel von einem Zulieferbetrieb auf einer Laserschneidmaschine hergestellt. Die Bauteile sind jedoch ohne die drei notwendigen Bohrungen Ø 8 H7 angeliefert worden (siehe Abb. „Steuerhebel").

Da die Zeit drängt, soll nun eine einfache Spannvorrichtung erstellt werden, mit deren Hilfe es möglich ist, die drei Bohrungen des Steuerhebels auf einer CNC-Fräsmaschine einzubringen.

Bedenken Sie, dass die Steuerhebel vor dem Bohren und dem nachfolgenden Reiben einfach in die Spannvorrichtung einzulegen und zu spannen sowie danach schnell zu entnehmen sein sollen.

Zur Herstellung der Spannvorrichtung stehen Ihnen eine Werkbank, Anreißplatte, Säulenbohrmaschine, konventionelle Dreh- sowie Fräsmaschine zur Verfügung.

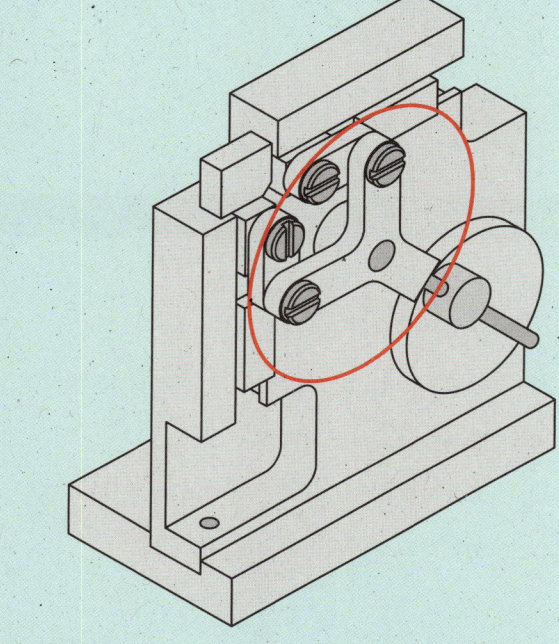

Gleitschieber

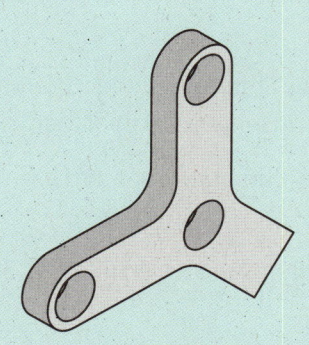

Steuerhebel (links: bestellte Version, rechts: gelieferte falsche Version)

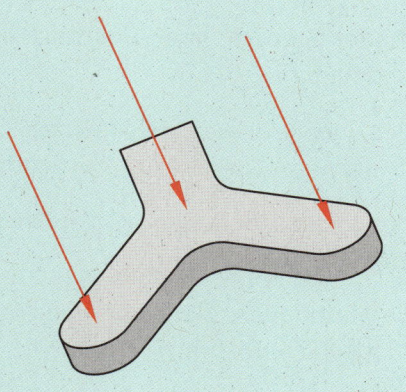

Lernfeld 3: Herstellen von einfachen Baugruppen

Arbeitsauftrag

Planen, konstruieren und erstellen Sie die gewünschte Aufspannvorrichtung, um für die 100 Stück Steuerhebel die fehlenden Bohrungen maßhaltig auf einer CNC-Fräsmaschine einbringen zu können. Berücksichtigen Sie bereits bei der Planung einen sinnvollen Materialeinsatz und den gesamten Ablauf unter dem Aspekt SOS (Sauberkeit – Ordnung – Sicherheit).

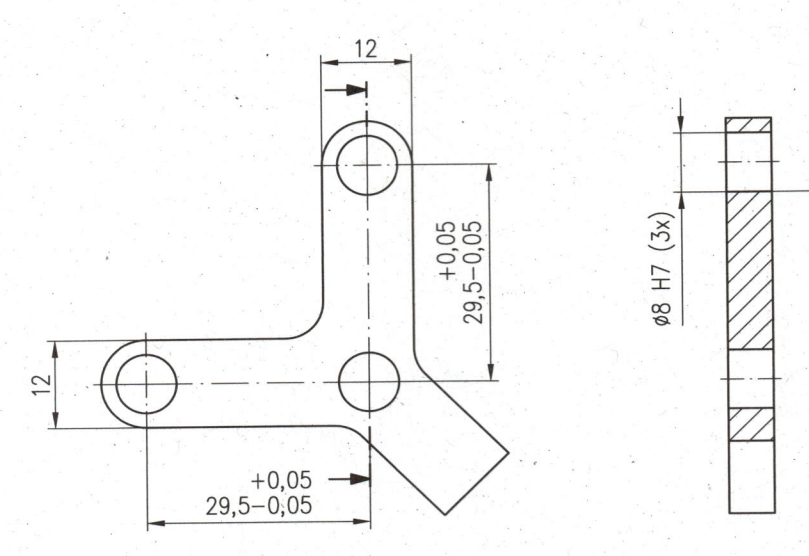

Steuerhebel mit Bemaßung der Bohrungen

Erfüllen Sie folgende Anforderungen:

- Geringer Materialeinsatz
- Möglichst einfache Handhabung der Spannvorrichtung
- Praktikable Einspannmöglichkeit der Vorrichtung im Maschinenschraubstock
- Anfräsflächen zum Ausrichten und Setzen des 0-Punkts
- Einfache und sichere Entnahmemöglichkeit nach dem Bohren und Reiben
- Kennzeichnung zur Lagerung (Inventarisierung): „SPV-Steuerhebel"

ANALYSIEREN

1. Verschaffen Sie sich einen Überblick über den Auftrag und erstellen Sie einen Vorgehensplan (evtl. als Mindmap).

2. Welches Vorwissen und welche Erfahrungen haben Sie bereits in der Erstellung einer Spannvorrichtung? (Internetrecherche und/oder Austausch mit einer Lernpartnerin/einem Lernpartner.)

3. Welches Wissen benötigen Sie noch zur Auftragserfüllung. (Übersichtsblatt tabellarisch oder als Mindmap)

4. Welche Materialien, Werkzeug und Maschinen benötigen Sie, um den Auftrag erfüllen zu können? (Tabellarische Auflistung)

Lernsituation 3: Herstellen einer einfachen Spannvorrichtung **LS3**

Ziele der Lernsituation

Am Ende dieser Lernsituation können Sie...	✓
... einen Ablaufplan erstellen.	☐
... den Begriff „Fügen" beschreiben.	☐
... unterschiedliche Fügeverfahren nennen.	☐
... verschiedenartige Fügeverfahren zuordnen.	☐
... Adhäsions- und Kohäsionskräfte beschreiben und am Beispiel erklären.	☐
... eine Auswahl für passende Halbzeuge treffen.	☐
... eine einfache Spannvorrichtung konstruieren.	☐
... einfache Berechnungen zur Werkstückauswahl durchführen.	☐
... sich mithilfe verschiedener Quellen (Fachbuch, Tabellenbuch, Internet, technische Unterlagen wie Zeichnungen) informieren.	☐
... eine Mindmap gestalten.	☐
... in einem Team Aufgaben gerecht verteilen.	☐
... Einzelergebnisse im Team vorstellen.	☐
... konstruktive Rückmeldungen geben und annehmen.	☐
... Rückmeldungen zur Optimierung der eigenen Ergebnisse nutzen.	☐
... Ergebnisse präsentieren.	☐

INFORMIEREN

1. Fügeverbindungen

Bei Spannvorrichtungen entsteht zwischen dem zu spannenden Bauteil und der Vorrichtung eine Fügeverbindung.

1.1 Informieren Sie sich über den Begriff „Fügen" und nennen Sie zehn Fügemöglichkeiten.

1. _____   2. _____
3. _____   4. _____
5. _____   6. _____
7. _____   8. _____
9. _____   10. _____

LF3 Lernfeld 3: Herstellen von einfachen Baugruppen

1.2 Beim Fügen werden zwei grundlegende Arten unterschieden. Nennen Sie diese und tragen Sie Ihre Beispiele aus Aufgabe 1 in die passende Spalte ein.

_____ Verbindungen	_____ Verbindungen

1.3 Fügeverbindungen werden auch noch nach der Art des Zusammenhalts in drei grundsätzliche Arten unterteilt. Finden Sie diese heraus und ordnen Sie erneut Ihre Beispiele aus Aufgabe 1 zu.

Verbindung durch: _____	Verbindung durch: _____	Verbindung durch: _____

1.4 Wie Sie vielleicht festgestellt haben, sind manche Verbindungen mehrschlüssig. Suchen Sie sich zwei Beispiele heraus und nennen Sie die zugehörigen Verbindungsarten. Notieren Sie als „Verbindungsart 1" die jeweils wichtigere.

Fügeart	Verbindungsart 1	Verbindungsart 2

Lernsituation 3: Herstellen einer einfachen Spannvorrichtung — **LS3**

2. Adhäsion und Kohäsion

2.1 Nachdem Sie sich mit dem Fügen beschäftigt haben, sind Sie sicherlich auch auf die beiden Begriffe „Adhäsion" und „Kohäsion" gestoßen. Finden Sie heraus, was sie bedeuten, und erklären Sie die Begriffe.

Adhäsion (_____):

_____

_____

_____

_____

Kohäsion (_____):

_____

_____

_____

2.2 Finden Sie ein Beispiel, wo sowohl Adhäsions- als auch Kohäsionskräfte auftreten, und erklären Sie die Begrifflichkeiten anhand des Beispiels.

_____

_____

_____

📋 PLANEN

1. Welche Grundform der Spannvorrichtung eignet sich idealerweise zum Spannen im Schraubstock? Begründen Sie Ihre Entscheidung.

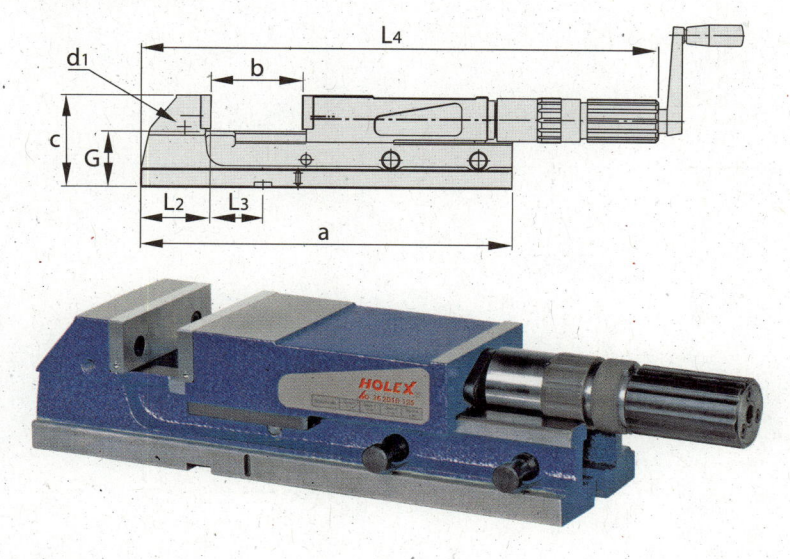

Maschinenschraubstock

Lernfeld 3: Herstellen von einfachen Baugruppen

2. Welches Halbzeug eignet sich hierzu am besten?

Ermitteln Sie nun die Größe der Grundplatte.

3. Ermitteln Sie die Breite und die Länge des gezeichneten Steuerhebels. Zur Berechnung der Größe steht Ihnen die folgende Fertigungszeichnung zur Verfügung.

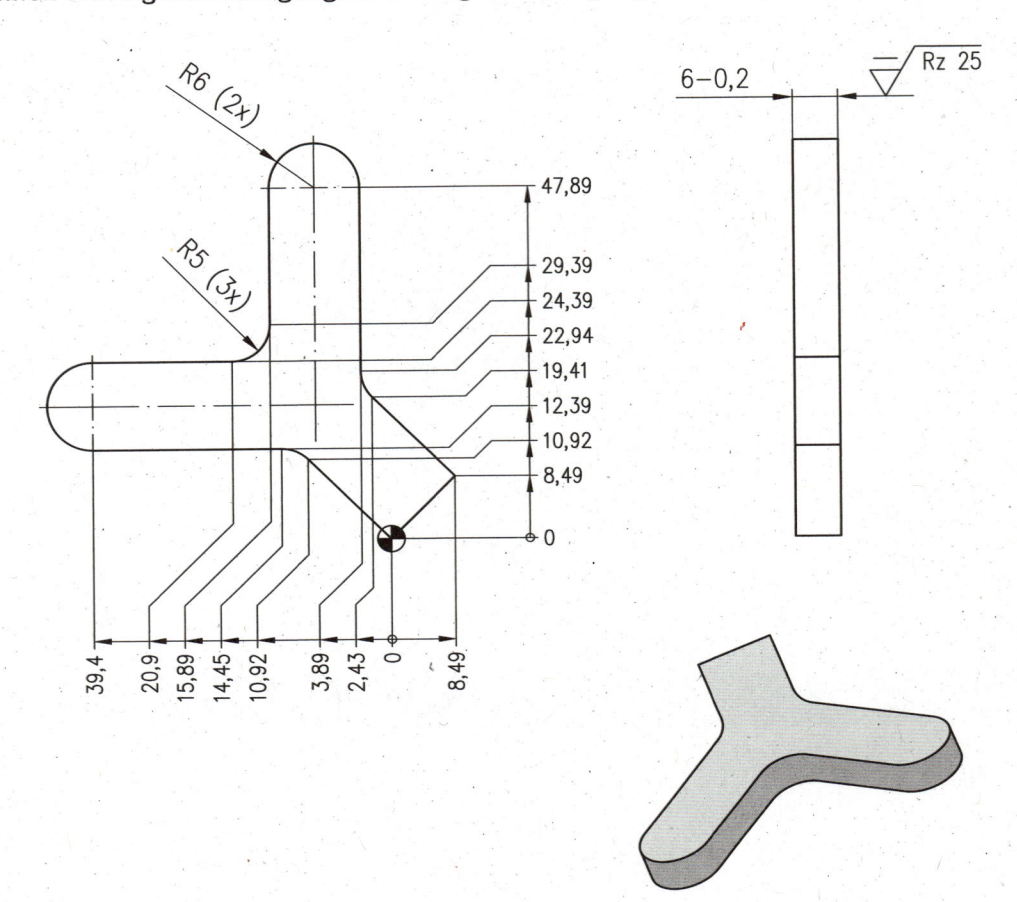

CNC-gerechte Bemaßung des Steuerhebels

Hinweise:

Außenkontur = Laserschnitt = $\sqrt{\text{Laserschnitt} / Rz\ 40}$

Wenn das Maß $6_{-0,2}$ des Halbzeuges sich innerhalb der Toleranz bewegt, entfällt die Bearbeitung.

Lernsituation 3:   Herstellen einer einfachen Spannvorrichtung   **LS3**

4. Die Grundplatte soll in alle Richtungen einen Überhang zum Werkstück aufweisen. Berücksichtigen Sie dies in Ihrer Berechnung.

5. Zur Nullpunkt-Setzung der im Schraubstock eingespannten Vorrichtung sollen für die X- und die Y-Achse zwei Fräsflächen angebracht werden.

Im Regelfall wird zur Nullpunkt-Setzung ein 3D-Messtaster verwendet. Um für alle Fälle gerüstet zu sein, sollte jedoch die Breite der Fräsfläche mindestens dem Durchmesser eines Kantentasters mit ø 10 mm entsprechen.

Ergänzen Sie Ihre Berechnung.

6. Da der Maschinenschraubstock nur glatte Backen aufweist und die Vorrichtung ohne Unterlegleisten eingespannt werden soll (UVV beim Bohren), wird eine praktikable Lösung verlangt. Welche Lösungen haben Sie zur Auswahl? Skizzieren Sie diese zusätzlich.

Lösung	Skizze

LF3 — Lernfeld 3: Herstellen von einfachen Baugruppen

7. Der Steuerhebel muss auf der Grundplatte möglichst spielfrei positioniert werden. Alle Maße weisen maximal eine Toleranz von ±0,1 mm auf.

Nennen Sie Möglichkeiten, um den Steuerhebel auf der Grundplatte zu positionieren (fügen) und beschreiben Sie Vor- und Nachteile der einzelnen Lösungen.

8. Sie wollen vermeiden, dass das Werkstück beim Bohren oder Reiben nach oben gezogen wird. Wie befestigen/fixieren Sie den Steuerhebel auf der Grundplatte?

Finden Sie drei Möglichkeiten. Die Fixierung soll den Bohrvorgang nicht behindern!

9. Legen Sie eine Materialdicke für die Grundplatte fest und begründen Sie Ihre Entscheidung.

🛠 DURCHFÜHREN

1. Erstellen Sie eine Skizze der Grundplatte und präsentieren Sie Ihre Ergebnisse. Wählen Sie eine Darstellungsart, in welcher

- die Antastflächen für den Nullpunkt (mit Bemaßung) dargestellt sind;
- die Spannmöglichkeit für den Schraubstock klar erkennbar ist;
- erkennbar ist, wie der Steuerhebel auf der Grundplatte gefügt wird (Form und Lage des Steuerhebels müssen erkennbar sein);
- die Befestigung des Steuerhebels erkennbar ist;
- die Entnahmemöglichkeit des Steuerhebels ersichtlich ist;
- die Grundmaße der Grundplatte eingetragen sind;

> Beachten Sie: Die Grundplatte soll auf Basis der Skizze erstellt werden können!

Lernsituation 3: Herstellen einer einfachen Spannvorrichtung

LS3

Lernfeld 3: Herstellen von einfachen Baugruppen

AUSWERTEN

1. Bewerten Sie in Partnerarbeit gegenseitig Ihre Arbeitsergebnisse. Die Bewertung erfolgt u. a. nach dem Grad der Erfüllung folgender Kriterien (bei „Ja" 10 Punkte, bei „Nein" 0 Punkte):

	Ja	Nein	Punkte
Geringer Materialeinsatz?			
Einfache Handhabung der Spannvorrichtung?			
Praktikable Einspannmöglichkeit im Maschinenschraubstock?			
Anfräsflächen zum Ausrichtung und Setzen des Nullpunkts?			
Klemmmöglichkeit für das Werkstück?			
Einfache und sichere Entnahmemöglichkeit nach dem Bohren?			
Kennzeichnung zur Lagerung (Inventarisierung): „SPV-Steuerhebel"?			
Ist die Skizze vollständig und nachvollziehbar? (Je nach Ausführung sind folgende Punkte möglich: 20 – 10 – 0)			
War die Präsentation ansprechend? (Je nach Ausführung sind folgende Punkte möglich: 10 – 5 – 0)			
		Summe Punkte	

Lernsituation 4: Herstellen einer Wandhalterung für eine Doppelschleifmaschine

Herstellen einer Wandhalterung für eine Doppelschleifmaschine

Betriebliche Ausgangssituation

Sie sind in der Instandhaltungsabteilung eines Industriebetriebes eingesetzt. Für unterschiedliche Schleifarbeiten in der Abteilung wurde eine neue Doppelschleifmaschine angeschafft. Sie werden mit der Herstellung einer Wandhalterung für die Maschine und mit deren Montage beauftragt.

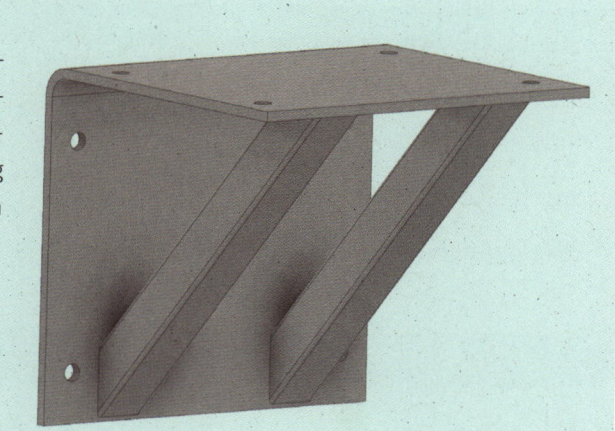

Wandhalterung

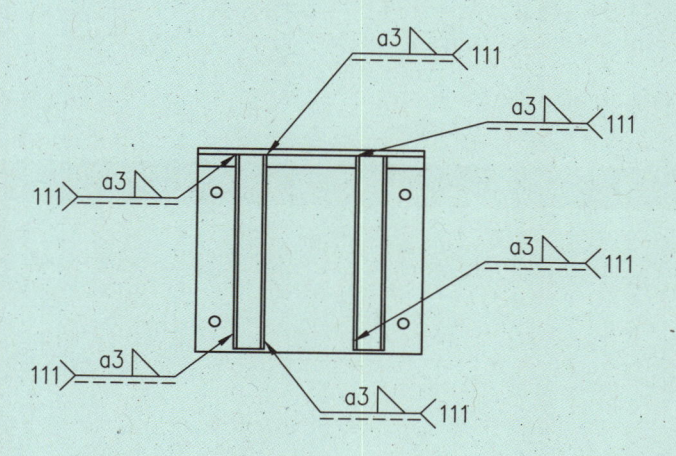

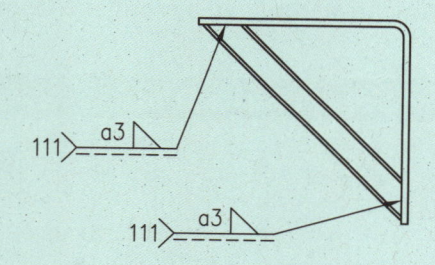

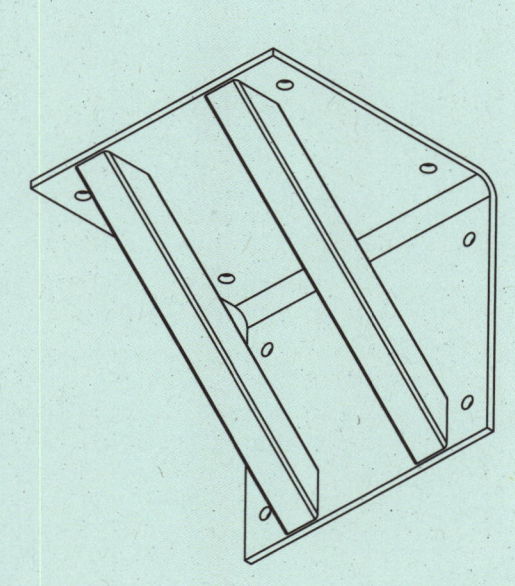

Gesamtzeichnung Wandhalterung

LF3 Lernfeld 3: Herstellen von einfachen Baugruppen

Arbeitsauftrag

Planen Sie die Herstellung und Montage der Wandhalterung und die Montage der Doppelschleifmaschine. Ihr Auftrag zur Herstellung der Wandhalterung bezieht sich dabei lediglich auf das Schweißen, die Einzelteile werden fertig bearbeitet zur Verfügung gestellt.

Erfüllen Sie folgende Anforderungen:

Ihre Planung soll Folgendes enthalten:

1. einen Arbeitsplan
2. Hinweise zum Arbeits- und Umweltschutz
3. Überlegungen zur Montage der Wandhalterung

ANALYSIEREN

1. Verschaffen Sie sich einen Überblick über den Auftrag und erstellen Sie eine Anforderungsliste. Welche Lernprodukte sind anzufertigen? In welcher Form?
2. Welches Vorwissen und welche Erfahrungen haben Sie im Zusammenhang mit diesem Thema? Tauschen Sie sich mit einer Lernpartnerin oder einem Lernpartner aus.
3. Welche Materialien benötigen Sie, um den Auftrag erfüllen zu können?

Ziele der Lernsituation

Am Ende dieser Lernsituation können Sie…	✓
… das Wirkprinzip von Schweißverbindungen beschreiben.	☐
… Schweißverbindungen in einer technischen Zeichnung erkennen.	☐
… Gesamtzeichnungen auswerten.	☐
… die gängigsten Handschweißverfahren voneinander unterscheiden.	☐
… das Lichtbogenhandschweißen einfacher Baugruppen planen und beschreiben.	☐
… einen tabellarischen Arbeitsplan erstellen.	☐
… Maßnahmen zum Schutz von Metall vor Korrosion planen und beschreiben.	☐
… die Herstellung von Schraubenverbindungen planen und beschreiben.	☐
… Regeln des Umweltschutzes beachten und beschreiben.	☐
… Verantwortung für die Sicherheit am Arbeitsplatz für sich und andere übernehmen.	☐
… Herstellerangaben im Internet recherchieren.	☐
… konstruktive Rückmeldungen annehmen.	☐
… Rückmeldungen zur Optimierung der eigenen Ergebnisse nutzen.	☐

Lernsituation 4: Herstellen einer Wandhalterung für eine Doppelschleifmaschine

LS4

📖 INFORMIEREN

1. Alle Schweißverbindungen arbeiten nach demselbem Wirkprinzip.

a) Um welches Wirkprinzip handelt es sich?

_____

b) Beschreiben Sie dieses Wirkprinzip.

_____
_____
_____
_____
_____
_____
_____

2. Analysieren Sie die technischen Unterlagen: Welches Schweißverfahren soll genutzt werden, um die Bauteile miteinander zu verbinden? Geben Sie eine kurze Definition des Verfahrens.

_____
_____
_____
_____
_____

3. Beschreiben Sie kurz die charakteristischen Merkmale des Lichtbogenhandschweißens (Elektrode, Schutz der Schweißnaht vor Korrosion usw.).

_____
_____
_____
_____
_____
_____
_____
_____
_____

Lernfeld 3: Herstellen von einfachen Baugruppen

4. Erarbeiten Sie mithilfe des Fachbuches eine kurze Übersicht der weiteren gängigen Handschweißverfahren.

5. Welche Vorteile würden sich aus der Nutzung des MAG-Schweißverfahrens ergeben?

6. Ihnen steht für die Arbeit ein Lichtbogenhandschweißgerät zur Verfügung. Recherchieren Sie die Vorteile dieses Schweißverfahrens.

Lernsituation 4: Herstellen einer Wandhalterung für eine Doppelschleifmaschine

7. Der Zeichnung können Sie die Informationen über die Stoßart und die Nahtart entnehmen.

a) Welche Stoßarten sind anhand der Lage der Bauteile zueinander erkennbar?

___

b) Mit welcher Nahtart sollen die Bauteile verbunden werden?

___

PLANEN

1. Bilden Sie Kleingruppen und erstellen Sie einen Arbeitsplan für das Schweißen der Wandhalterung.

Je nach Anzahl der Kleingruppen innerhalb Ihrer Lerngruppe können einige Gruppen alternativ auch ein Flussdiagramm, eine Liste o. Ä. erstellen.

Arbeitsplan Doppelschleifbock-Wandhalterung			
Blatt	Zeichnungs-/Dokumentnummer:	Datum:	Bearbeiter/-in:
Nr.:	Arbeitsschritt/Tätigkeit	Werkzeuge, Material, Hilfsmittel	Bemerkung/technologische Daten/Arbeitssicherheit/ Umweltschutz
1	Sichtprüfung aller Bauteile		

141

LF3 — Lernfeld 3: Herstellen von einfachen Baugruppen

2. Um die Wandhalterung vor Korrosion zu schützen, soll sie lackiert werden. Beschreiben Sie kurz Ihr Vorgehen, gehen Sie dabei von der Verwendung einer im Handel erhältlichen Rostschutzfarbe aus.

3. Die Wandhalterung soll in einer „Hohlziegelmauer" befestigt werden. Recherchieren Sie im Internet eine mögliche Befestigung.

Lernsituation 4: Herstellen einer Wandhalterung für eine Doppelschleifmaschine

LS4

4. Die Doppelschleifmaschine soll mit einer Durchsteckverbindung an der Wandhalterung befestigt werden. Beschreiben Sie kurz, wie Sie bei der Auswahl der benötigten Befestigungselemente vorgehen und wie Sie die Verbindung herstellen.

🛠 DURCHFÜHREN

1. Welche persönliche Schutzausrüstung tragen Sie beim Schweißen? Beschreiben Sie jeweils kurz den Zweck des Ausrüstungsgegenstandes.

2. Welche Maßnahmen treffen Sie zum Schutz Ihrer Arbeitsumgebung beim Schweißen?

LF3 Lernfeld 3: Herstellen von einfachen Baugruppen

3. Bilden Sie Arbeitsgruppen. Beschreiben Sie stichpunktartig, wie Sie Ihren Arbeitsplatz zum Schweißen einrichten (Betriebsbereitschaft der Schweißanlage herstellen, benötigte Arbeitsmittel usw.).

_____
_____
_____
_____
_____
_____
_____
_____
_____
_____

4. Bei der Überprüfung der Betriebsbereitschaft der Schweißanlage fällt Ihnen auf, dass ein Kabel beschädigt ist. Beschreiben Sie Ihr weiteres Vorgehen.

_____
_____
_____
_____
_____
_____
_____

5. Erarbeiten Sie in Kleingruppen Möglichkeiten für das Vorpositionieren/Spannen der Bauteile. Entscheiden Sie sich gemeinsam für eine Lösung und notieren Sie stichpunktartig Ihre Ergebnisse.

_____
_____
_____
_____

6. Welche Einstellung ist an der Schweißstromquelle vorzunehmen?

_____
_____

Lernsituation 5: Herstellen einer Wandhalterung für eine Doppelschleifmaschine

7. Für das Herstellen der Kehlnähte wählen Sie einen Elektrodendurchmesser von 2,5 mm. Ermitteln Sie anhand der Faustformel die einzustellende Stromstärke.

8. Tun Sie sich mit einem Partner oder einer Partnerin zusammen. Beschreiben Sie kurz das Vorgehen beim Entfernen der Schlacke.

9. Ihr Vorgesetzter beauftrag Sie, auch eine Steckdose nahe der Wandhalterung zu montieren. Erklären und begründen Sie Ihr weiteres Vorgehen.

AUSWERTEN

1. Wie können Sie die Qualität der fertigen Schweißnaht beurteilen? Klären Sie diese Frage mit einem Partner oder einer Partnerin.

LF3 Lernfeld 3: Herstellen von einfachen Baugruppen

Montage eines Messuhrhalters

Betriebliche Ausgangssituation

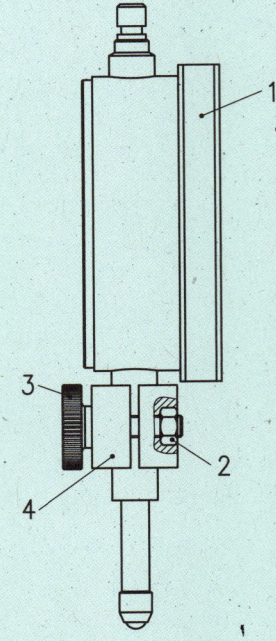

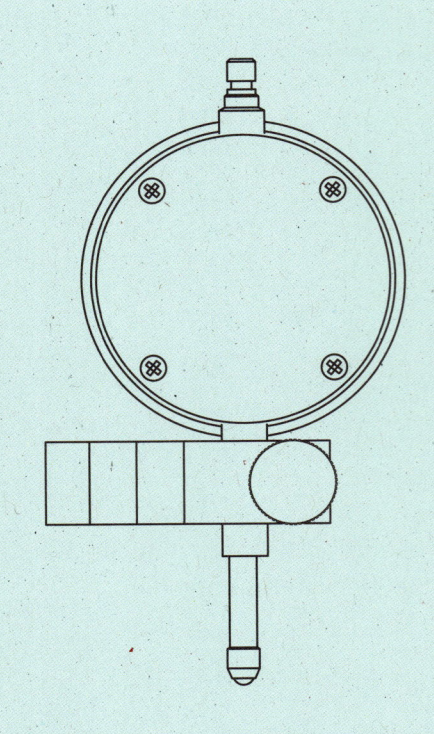

Der neue Messuhrhalter

Stückliste				
Pos.	Stk.	Bezeichnung	Norm/Beschreibung	Material
1	1	Präzisions-Feinmessuhr	Stoßgeschützt 5/40 mm	
2	1	Sechskantmutter	DIN 934 M4 A2	Edelstahl
3	1	Rändelschraube	DIN 464 M4 12-NI	1.4305
4	1	Messuhrhalter		PLA

Der Abteilung Produktentwicklung wurden neue Messuhrhalter in Auftrag gegeben. Diese wurden als Prototypen im 3D-Druck aus dem Kunststoff PLA gefertigt und liegen nun bereit zur Montage. Da es sich um neues Zubehör handelt, ist der Montageprozess noch nicht beschrieben. Anhand der Zeichnungsunterlagen und Werkstoffinformationen sollen geeignete Verbindungstechniken beschrieben und die Ausführung der Montage vorbereitet werden.

Ferner ist bei der Prüfung der Messuhrhalter aufgefallen, dass die Bohrung zur Aufnahme der Messuhr nicht maßhaltig ist. Dieses Problem ist verfahrensbedingt, da beim 3D-Druck eine überdimensionale erste Schicht am Boden des Halters erzeugt wurde. Die Abteilung wurde bereits informiert, dass die 3D-Drucker neu justiert werden müssen. Für die Prototypen ist dadurch vor der Montage eine Nacharbeit erforderlich, die durch eine mechanische Bearbeitung erfolgen soll.

Arbeitsauftrag

Im Einzelnen besteht Ihr Auftrag aus den nachfolgend genannten Anforderungen.

Lernsituation 5: Montage eines Messuhrhalters **LS5**

Erfüllen Sie folgende Anforderungen:

1. Führen Sie eine Auftragsanalyse durch.
2. Beschaffen Sie sich die für den Auftrag relevanten Informationen.
3. Befassen Sie sich mit der mechanischen Bearbeitung des Messuhrhalters.
4. Befassen Sie sich mit den möglichen Verbindungstechniken für das Fügen der Bauteile des Messuhrhalters.
5. Entscheiden Sie sich begründet für eine Verbindungstechnik.
6. Planen Sie die Ausführung der Montage des Messuhrhalters.
7. Werten Sie zum Abschluss der Lernsituation diese innerhalb Ihrer Lerngruppe mit einer Feedback-Methode aus.

🔍 ANALYSIEREN

In diesem Auftrag befassen Sie sich inhaltlich mit der Verbindungstechnik. Die Herausforderung liegt hier in der Verbindung unterschiedlicher Materialien, die für den Zusammenbau des Messuhrhalters notwendig sind.

Bevor Sie sich umfassend zu allen Auftragsinhalten informieren, analysieren Sie zunächst die Ausgangssituation. Klären Sie insbesondere die folgenden Punkte:

1. Stützen Sie Ihre Arbeit an der Lernsituation auf Erfahrungen aus anderen Bereichen.
2. Halten Sie alle erforderlichen Materialien und/oder Informationszugänge für die Durchführung bereit.
3. Achten Sie bei der praktischen Durchführung auf die Einhaltung der Arbeitsschutzanweisungen.
4. Stimmen Sie sich bei der praktischen Durchführung mit der betreuenden Lehrkraft ab.

Ziele der Lernsituation

Am Ende dieser Lernsituation können Sie…	✓
… eine Einteilung von Kunststoffen in drei Gruppen vornehmen.	☐
… Abkürzungen von Kunstoffen mithilfe des Tabellenbuches erläutern.	☐
… Zusammenhänge zwischen Materialeigenschaften von Thermoplasten und der mechanischen Bearbeitung aufzeigen.	☐
… Zusammenhänge zwischen Materialeigenschaften von Thermoplasten und dem Schweißen von Kunststoffen aufzeigen.	☐
… Zusammenhänge zwischen Materialeigenschaften von Thermoplasten und dem Kleben von Kunststoffen aufzeigen.	☐
… einen Anteil der Verbindungstechnik im Kontext der Berufspraxis verstehen.	☐
… eine begründete Entscheidung für die vorliegende Ausgangsituation zur Montage des Messuhrhalters treffen.	☐

LF3 — Lernfeld 3: Herstellen von einfachen Baugruppen

- ... die Zusammenbauzeichnung einer Baugruppe lesen. ☐
- ... die Montage des Messuhrhalters sachlogisch planen. ☐
- ... fachliche Fragen zum Verständnis im Team diskutieren. ☐
- ... Ihren Lernprozess reflektieren. ☐

INFORMIEREN

1. Kunststoffe und ihre Eigenschaften

1.1 Den größten Anteil an Kunststoffen machen (mengenmäßig) die Thermoplaste aus. Im Folgenden sind Ihnen die Abkürzungen ausgewählter Kunststoffe gegeben. Treffen Sie eine Zuordnung zu den drei in der Tabelle genannten Gruppen und ergänzen Sie die vollständige Bezeichnung der Kunststoffe zu den Abkürzungen: *ABS, EP, FKM, NBR, PC, PE, PETG, PF, PLA, PMMA, SBR, UP.*

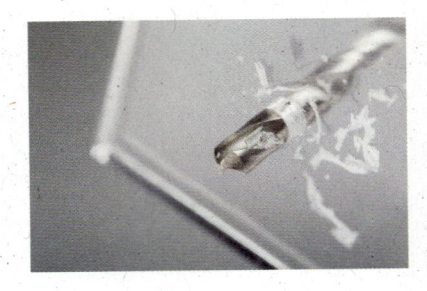

Mechanische Bearbeitung von Kunststoffen

Thermoplaste	Elastomere	Duroplaste

148

Lernsituation 5: Montage eines Messuhrhalters **LS5**

1.2 Welche der in der Wortwolke enthaltenen Eigenschaften von Thermoplasten ist für das mechanische Bearbeiten der Aufnahmebohrung am Messuhrhalter von besonderer Bedeutung? Umkreisen Sie die Begriffe in der Wortwolke.

geringe Wärmeleitung
Leichtbauwerkstoffe
formbar   leicht   wasserabweisend
klebbar   schweißbar   wiederverwertbar
thermoplaste
sehr hohe Wärmedehnung
niedrige Festigkeit   druckbar
schmelzbar   isoliert   quellbar
kerbempfindlich   löslich

2. Mechanische Bearbeitung von Kunststoffen

Diskutieren Sie die folgenden Fragen zum Verständnis innerhalb Ihrer Lerngruppe:

2.1 Wie wirkt sich die geringere Festigkeit des Kunststoffes gegenüber Metallen auf die mechanische Bearbeitung wie das Bohren aus?

_____
_____
_____
_____
_____

2.2 Die Wärmedehnung von Kunststoffen beeinflusst bereits die Maßhaltigkeit des Druckteils, die Bohrung ist ggf. zu klein. Wie wirkt sich die Wärmedehnung auf die mechanische Bearbeitung wie das Bohren aus?

_____
_____
_____
_____
_____

Lernfeld 3: Herstellen von einfachen Baugruppen

2.3 Ihnen ist als Bearbeitungsregel Folgendes bekannt: Thermoplaste sollten sich bei der mechanischen Bearbeitung nicht über 60 °C erwärmen. Wodurch lässt sich Erwärmung bei der mechanischen Bearbeitung allgemein beeinflussen?

_____

_____

_____

2.4 Betrachten Sie noch einmal die Wortwolke auf S. 149. Welche der Eigenschaften von Thermoplasten ist für das Fügen mit der Sechskantmutter von besonderer Bedeutung? Unterstreichen Sie die richtigen Begriffe in der Wortwolke.

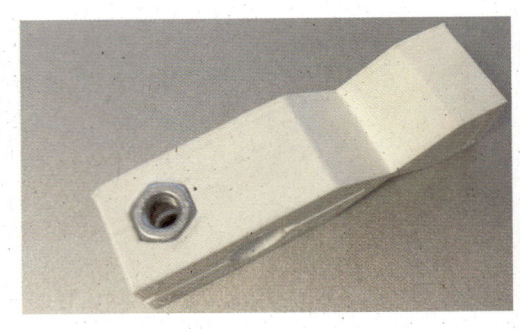

Sechskantmutter und Messuhrhalter, gefügt

2.5 Ordnen Sie die Begriffe, die Sie in der Wortwolke auf S. 149 unterstrichen haben, den damit möglichen Fügeverfahren zu, indem Sie die Verfahren in der nachfolgenden Abbildung markieren.

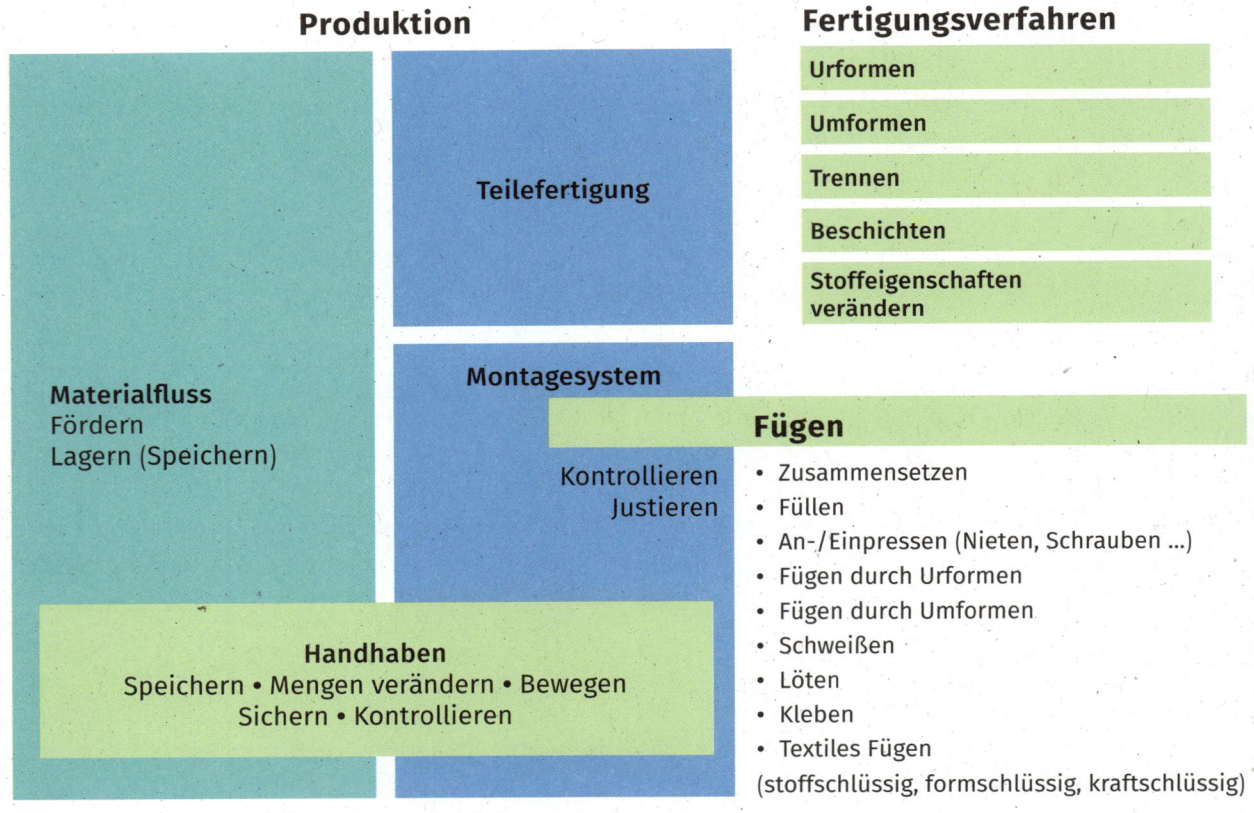

Produktion

Fertigungsverfahren
- Urformen
- Umformen
- Trennen
- Beschichten
- Stoffeigenschaften verändern

Teilefertigung

Montagesystem

Materialfluss
Fördern
Lagern (Speichern)

Kontrollieren
Justieren

Fügen
- Zusammensetzen
- Füllen
- An-/Einpressen (Nieten, Schrauben …)
- Fügen durch Urformen
- Fügen durch Umformen
- Schweißen
- Löten
- Kleben
- Textiles Fügen

(stoffschlüssig, formschlüssig, kraftschlüssig)

Handhaben
Speichern • Mengen verändern • Bewegen
Sichern • Kontrollieren

Begriff und Zusammenhänge der Füge- und Handhabungstechnik

VDI Verein Deutscher Ingenieure e.V.: Füge- und Handhabungstechnik – Begriffe und Zusammenhänge, https://www.vdi.de/tg-fachgesellschaften/fuege-und-handhabungstechnik [09.07.2024]

Lernsituation 5: Montage eines Messuhrhalters — LS5

3 Schweißen von thermoplastischen Kunststoffen

Als industrielles Verfahren zum Schweißen von thermoplastischen Kunststoffen wird in der Richtlinie DVS 2207-1 das Heizelementschweißen beschrieben. Leicht abgewandelt kann das Verfahren für das sogenannte Warmeinbetten der Sechskantmutter in den Messuhrhalter angewendet werden. Die folgenden Verfahrensschritte sind dabei zu durchlaufen:

Verfahrensschritte beim Heizelementschweißen von Kunststoffen (hier: Warmeinbetten der Sechskantmutter)

1. Schritt: Säubern der Fügeflächen
2. Schritt: Erwärmen der Fügeflächen
3. Schritt: Aufbringen des Drucks (Fügen)
4. Schritt: Abkühlen unter Druck
5. Schritt: Ggf. Nachbearbeitung der Schweißnaht (Wulst)

Diskutieren Sie die folgenden Fragen zum Verständnis innerhalb Ihrer Lerngruppe:

3.1 Weshalb ist die Erwärmungsdauer sehr wichtig?

_____
_____
_____
_____

3.2 Wie heißt das korrekte Warnzeichen, dass Sie in diesem Zusammenhang an Ihrem Arbeitsplatz am Heizelement vorfinden?

_____

3.3 Weshalb ist der Druck sehr wichtig?

_____
_____
_____
_____

3.4 Weshalb ist die Abkühlzeit sehr wichtig?

_____
_____
_____
_____

Lernfeld 3: Herstellen von einfachen Baugruppen

3.5 Mittels Heizelementschweißen können auch zwei gleiche Kunststoffteile (Thermoplaste, z. B. PE-Rohre) gefügt werden (siehe nebenstehende Skizze). Skizzieren Sie ergänzend die Verfahrensschritte „Anwärmen" und „fertige Verbindung" und erläutern Sie, wie die Verbindung entsteht.

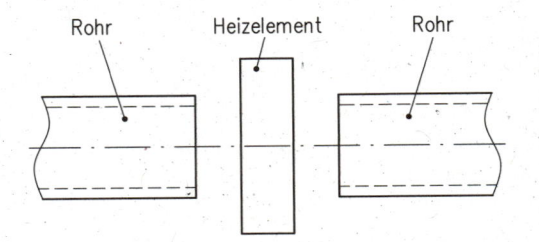

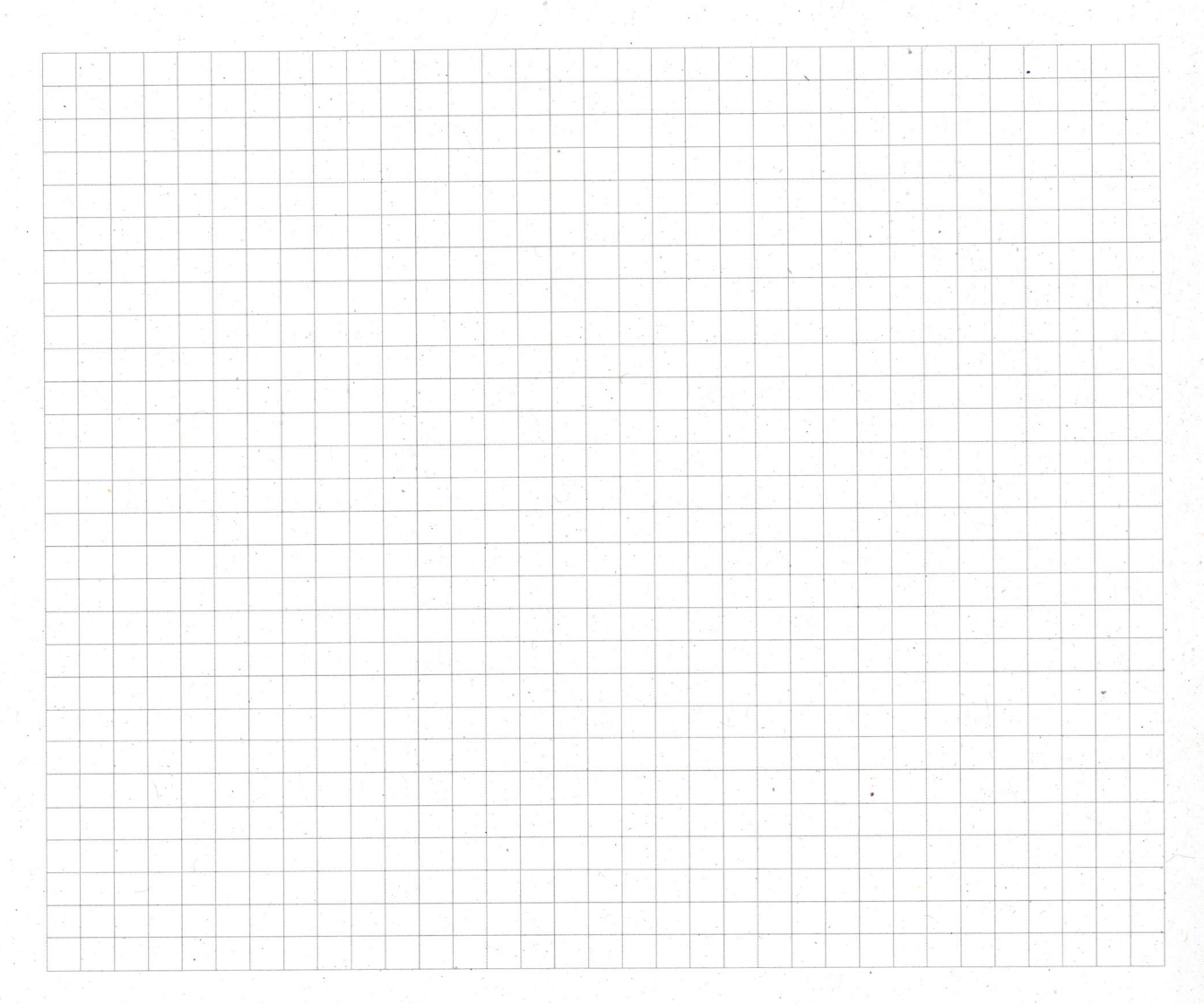

4. Kleben von Kunststoffen

Als weitere ganzflächige Verbindungstechnik wird das Kleben von Kunststoffen beschrieben. Die folgenden Verfahrensschritte sind dabei zu durchlaufen:

1. Schritt: Säubern der Fügeflächen

2. Schritt: Auftragen des Klebstoffs

3. Schritt: Fügen und Fixieren der Fügeteile

4. Schritt: Aushärtung

5. Schritt: ggf. Nachbearbeitung der Klebestelle (Entfernen von Klebstoffresten)

Lernsituation 5: _____ Montage eines Messuhrhalters **LS5**

4.1 Der Mechanismus des Klebens beruht zum einen auf dem inneren Zusammenhalt des Klebstoffs (innere Festigkeit), der Kohäsion, und zum anderen auf dem Zusammenhalt zwischen Klebstoff und Fügeteilen (Oberflächenhaftung), der Adhäsion. Tragen Sie die folgenden Begriffe in der nachfolgenden Abbildung korrekt ein: *Fügeteil* (2x), *Klebstoffschicht*, *Adhäsion*, *Kohäsion*

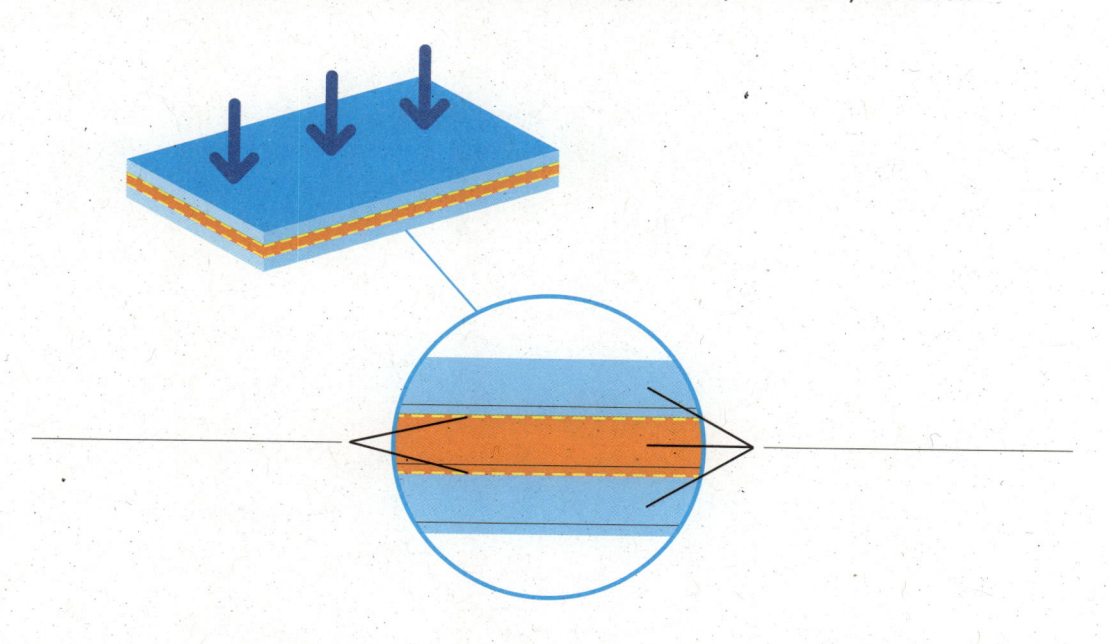

4.2 Diskutieren Sie innerhalb Ihrer Lerngruppe die folgende Fragen zum Verständnis: Weshalb ist das Säubern bzw. Reinigen der Fügeflächen sehr wichtig?

_____
_____
_____
_____
_____
_____
_____

4.3 Nach welchen Kriterien wählt man einen geeigneten Klebstoff aus? Nutzen Sie für Ihre Antwort die Zusatzinfos aus den nebenstehenden QR-Codes.

_____
_____
_____
_____
_____
_____

Cyanacrylat-Klebstoff

Lernfeld 3: Herstellen von einfachen Baugruppen

4.4 Ihnen fällt auf dem Behälter des Klebstoffs das nebenstehende Gefahren-Piktogramm auf. Auf welche Gefahren wird im Umgang mit dem Stoff hierdurch hingewiesen?

4.5 Ermitteln Sie aus dem Sicherheitsdatenblatt für einen Cyanacrylat-Klebstoff die geltenden Gefahrenhinweise (H-Sätze) und Sicherheitshinweise (P-Sätze). Führen Sie eine eigene Recherche durch oder nutzen Sie das Zusatzmaterial.

4.6 Worauf ist beim Auftragen des Klebstoffs zu achten?

4.7 Weshalb werden die Fügeteile nach dem Zusammenführen angepresst und fixiert?

4.8 Kann die Verbindung sofort voll belastet werden?

Lernsituation 5: Montage eines Messuhrhalters

LS5

📋 PLANEN

Sie haben sich nun eingehend mit den beiden Verbindungstechniken befasst: dem Schweißen von Kunststoffen und dem Kleben von Kunststoffen.

1. Treffen Sie für die geplante Montage des Messuhrhalters anhand der vorliegenden Gegebenheiten eine begründete Entscheidung für eine der Techniken. Nutzen Sie dafür die folgende Gegenüberstellung der Vor- und Nachteile beider Verbindungstechniken.

Vorteile (Kleben)

- Sehr unterschiedliche Materialien können mit anderen geklebt werden
- Kann Unebenheiten ausgleichen
- Sehr gute Qualität der Verbindung

Nachteile (Kleben)

- Erst nach vollständigem Aushärten voll belastbar
- Lange Verfahrenszeit durch stoffbedingte Aushärtung
- Ggf. Entsorgung von Klebstoffresten
- Zusatzmaterial (Klebstoff) notwendig

Vor- und Nachteile beim Kleben von Kunststoffen

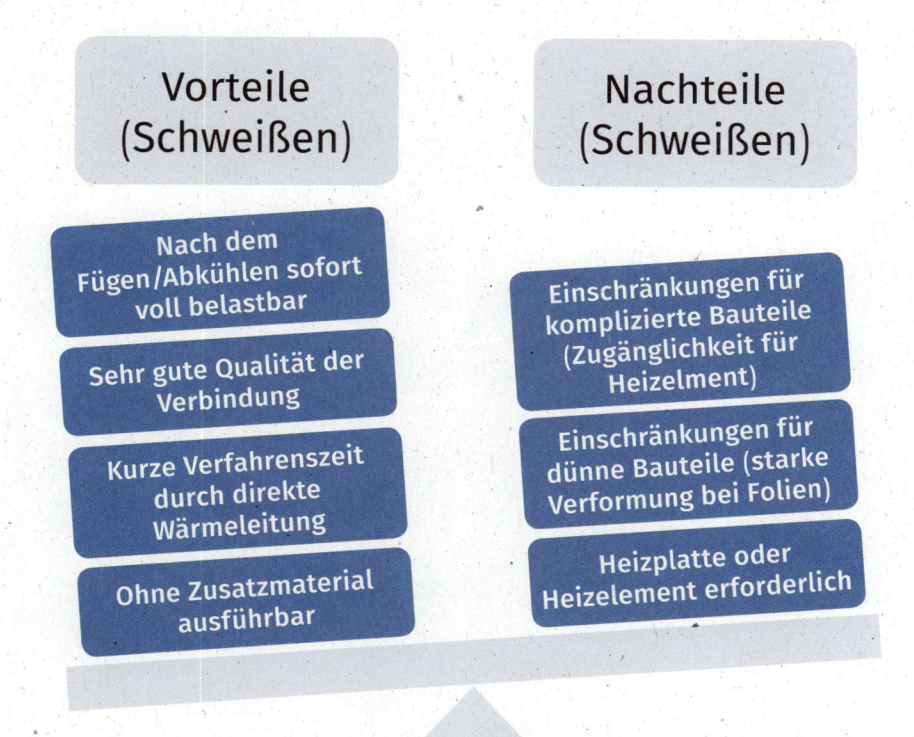

Vorteile (Schweißen)

- Nach dem Fügen/Abkühlen sofort voll belastbar
- Sehr gute Qualität der Verbindung
- Kurze Verfahrenszeit durch direkte Wärmeleitung
- Ohne Zusatzmaterial ausführbar

Nachteile (Schweißen)

- Einschränkungen für komplizierte Bauteile (Zugänglichkeit für Heizelment)
- Einschränkungen für dünne Bauteile (starke Verformung bei Folien)
- Heizplatte oder Heizelement erforderlich

Vor- und Nachteile beim Schweißen von Kunststoffen

LF3 Lernfeld 3: Herstellen von einfachen Baugruppen

Begründete Entscheidung:

_____
_____
_____
_____
_____
_____
_____
_____
_____
_____
_____
_____

2. Planen Sie entsprechend der Bilderfolge alle erforderlichen Schritte zur Ausführung der Montage der Messuhr im Messuhrhalter. Im Zusatzmaterial finden Sie eine Animation des Zusammenbaus.

Verwenden Sie für Ihre Beschreibung die Bezeichnungen und Positionsnummern aus der Zusammenbauzeichnung (siehe Betriebliche Ausgangssituation S. 146).

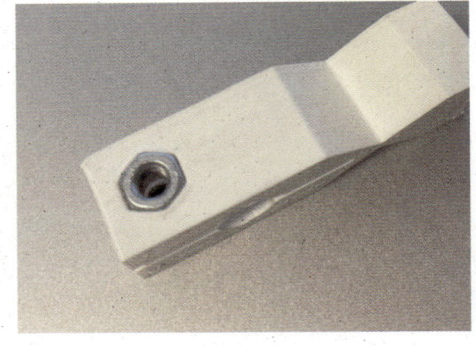

1. Schritt

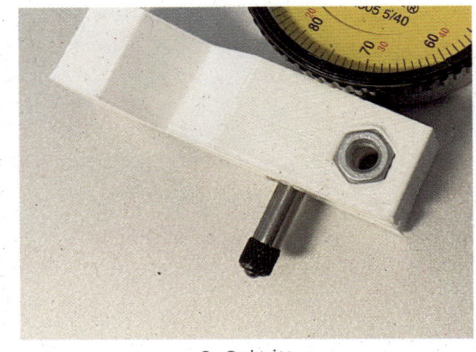

2. Schritt

Lernsituation 5: Montage eines Messuhrhalters **LS5**

_____

_____

_____

_____

3. Schritt

🛠 DURCHFÜHREN

3. Führen Sie nach Möglichkeit die Montage der Messuhr im Messuhrhalter mit allen erforderlichen Schritten in Ihrer Lerngruppe durch. Stimmen Sie sich dafür hinsichtlich der notwendigen Ressourcen (Zeit, Material, Werkzeuge, Hilfsmittel) mit Ihrer Lehrkraft ab. Erstellen Sie für die Durchführung eine Fotodokumentation.

💬 AUSWERTEN

1. Werten Sie Ihre Arbeit innerhalb dieser Lernsituation mit einer individuellen Feedback-Methode aus. Markieren Sie dafür Ihre persönliche Einschätzung in der folgenden Zielscheibe.

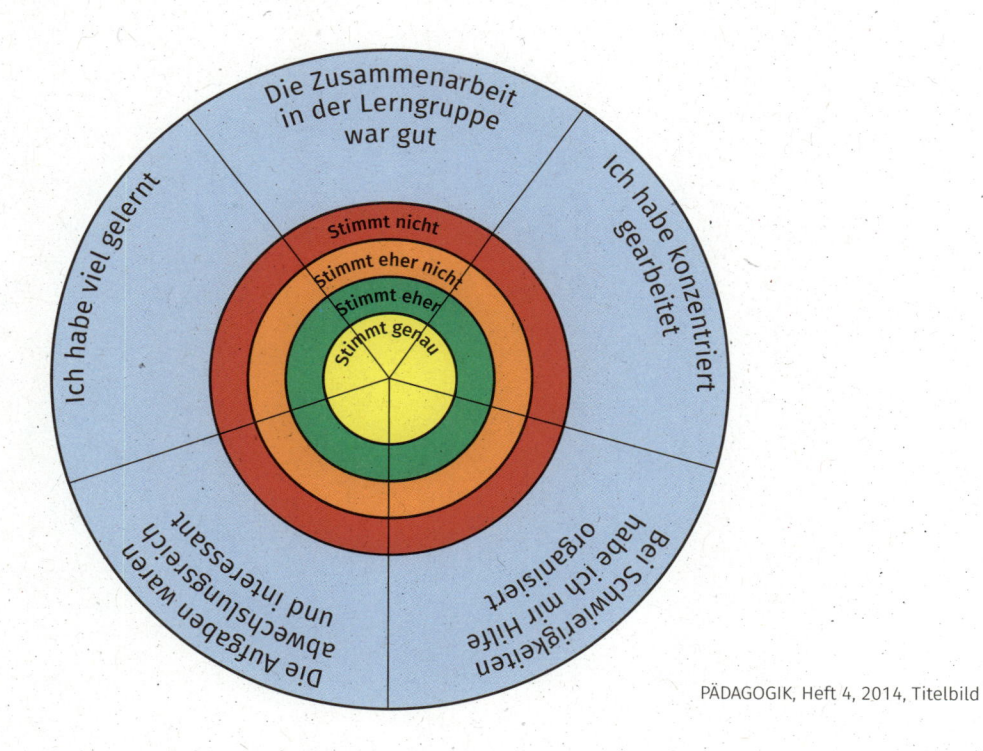

Zielscheibe mit den Bereichen:
- Die Zusammenarbeit in der Lerngruppe war gut
- Ich habe konzentriert gearbeitet
- Bei Schwierigkeiten habe ich mir Hilfe organisiert
- Die Aufgaben waren abwechslungsreich und interessant
- Ich habe viel gelernt

Ringe von innen nach außen: Stimmt genau, Stimmt eher, Stimmt eher nicht, Stimmt nicht

PÄDAGOGIK, Heft 4, 2014, Titelbild

Zielscheibe zur Reflexion der eigenen Arbeit

2. Tauschen Sie sich anschließend innerhalb Ihrer Lerngruppe zu folgenden Fragen aus:

- Worin unterscheiden sich Ihre Ergebnisse?
- Wie kontrovers war die Diskussion zu den Verbindungstechniken?
- Ist Ihnen die begründete Entscheidung leicht gefallen?
- Sind Fragen zur Lernsituation offen geblieben?
- Was ist für Sie in dieser Lernsituation besonders wirksam gewesen?

3. Reichen Sie Ihr Feedback bei Ihrer Lehrkraft ein.

LF 4

Warten technischer Systeme

Im Lernfeld 4 stehen nach dem Rahmenlehrplan Wartungstätigkeiten im Mittelpunkt. Dazu werden weitere Bereiche der Instandhaltung mit betrachtet. So sind im Rahmen einer Wartung ebenso Inspektionstätigkeiten durchzuführen.

Beim Feststellen von Beschädigungen ist ggf. ein Austausch oder eine Neuanfertigung von Bauteilen notwendig. Dies wäre dann im Rahmen der Instandhaltung (DIN 31051) eine Instandsetzung. Darüber hinaus sind zur Verbesserung (Optimierung) von technischen Baugruppen bzw. Instandhaltungsprozessen Dokumentationen notwendig.

Es lässt sich also feststellen, dass in den Lernsituation Inhalte und Begriffe aufgegriffen werden, die erst in nachfolgenden Lernfeldern vertieft betrachtet werden.

Lernsituation	Seite	Erledigt
LS1 Erstellen einer Inspektions- und Wartungsanleitung für einen Kolbenkompressor	160	☐
LS2 Zustandsprüfung eines Flurförderfahrzeugs	171	☐
LS3 Instandsetzung einer Spannvorrichtung	186	☐

LF4 Lernfeld 4: Warten technischer Systeme

Erstellen einer Inspektions- und Wartungsanleitung für einen Kolbenkompressor

Betriebliche Ausgangssituation

In der Werkstatt soll ein Kolbenkompressor inspiziert und gewartet werden, es fehlen aber z. T. die technischen Dokumentationen.

Der Kompressor wird unregelmäßig genutzt. Benötigt ein Kollege oder eine Kollegin das Gerät, wird er abgeholt und wieder abgestellt. In welchem technischen Zustand sich der Kompressor befindet, ist nicht bekannt.

Um die Lebensdauer zu erhöhen und die Nutzung nachhaltiger zu gestalten, soll eine einfache Anleitung für regelmäßige Inspektions- und Wartungstätigkeiten erstellt werden. Dazu gehört u. a. eine Untersuchung des Kompressors hinsichtlich möglicher Verschleißstellen.

Um dies fachlich begründet durchzuführen, sollen vorhandene Informationen zum alten Kompressor, Bilder zum aktuell genutzten Kompressor und eine Funktionsbeschreibung zum Kolbenkompressor genutzt werden.

Kolbenkompressor

Arbeitsauftrag

Mithilfe vorhandener Unterlagen eines älteren Kolbenkompressors soll eine Inspektions- und Wartungsanleitung für den aktuell genutzten Kompressors erstellt werden.

Erfüllen Sie folgende Anforderungen:

1. Strukturierter Aufbau (Inhaltsverzeichnis usw.)
2. Tabellarischer Inspektions- und Wartungsplan
3. Digitales Format

🔍 ANALYSIEREN

1. Erstellen Sie eine Anforderungsliste/ein Lastenheft.
2. Welches Vorwissen und welche Erfahrungen haben Sie im Zusammenhang mit diesem Thema?
3. Was müssen Sie wissen, um den Auftrag erfüllen zu können?

Lernsituation 1: Erstellen einer Inspektions- und Wartungsanleitung für einen Kolbenkompressor **LS1**

Ziele der Lernsituation

Am Ende dieser Lernsituation können Sie...	✓
... die Begriffe Inspektion, Wartung, Instandsetzung und Optimierung als Grundmaßnahmen der Instandhaltung beschreiben und Zusammenhänge aufzeigen.	☐
... das Funktionsprinzip eines Kolbenkompressors beschreiben.	☐
... Bauteile eines Kolbenkompressors in einer technischen Zeichnung erkennen.	☐
... die verschiedenen Reibungsarten und -zustände beschreiben.	☐
... unterschiedliche Verschleißmechanismen mithilfe von Skizzen erläutern.	☐
... Vermutungen hinsichtlich möglicher Verschleißursachen anhand von Anzeichen aufstellen.	☐
... Maßnahmen zur Verschleißminderung nennen.	☐
... typische Tätigkeiten zur Inspektion und Wartung technischer Baugruppen anhand eines Beispiels beschreiben.	☐
... Betriebsstoffe für die Durchführung von Inspektion und Wartung mithilfe des Tabellenbuches auswählen.	☐
... Maßnahmen zur Erhaltung der Gesundheit und der Umwelt im Umgang mit Betriebsstoffen ermitteln.	☐
... den Aufbau und die Inhalte einer typischen Inspektions- und Wartungsanleitung beschreiben.	☐
... mithilfe verschiedener Quellen (Fachbuch, Internet, technische Unterlagen, wie z. B. Zeichnungen) das Erstellen einer Dokumentation vorbereiten.	☐
... eine strukturierte Dokumentation erstellen.	☐
... in einem Team Aufgaben gerecht verteilen.	☐
... Einzelergebnisse im Team vorstellen.	☐
... konstruktive Rückmeldungen geben und annehmen.	☐
... Rückmeldungen zur Optimierung der eigenen Ergebnisse nutzen.	☐

Lernfeld 4: Warten technischer Systeme

INFORMIEREN

1. Begriffe der Instandhaltung

1.1 Ergänzen Sie in der folgenden Tabelle die richtige Bezeichnung der zugrunde liegenden Maßnahme.

Nr.	Grundmaßnahme	Beispiel einer Tätigkeit
1.		Öl wechseln
2.		Ölstand kontrollieren
3.		Beschädigten Keilriemen ersetzen
4.		Zustand von elektrischen Leitungen prüfen
5.		Wählen eines anderen Schmierstofftyps

2. Funktionsprinzip eines Kolbenkompressors

In der folgenden Bilderfolge sind die Phasen der Luftverdichtung in einem Kolbenkompressor aufgeführt.

Ordnen Sie die Bilderfolge zeitlich (chronologisch), indem Sie die Ziffern 1 bis 4 eintragen. Der Prozess soll mit dem Zufluss der zu verdichtenden Luft beginnen.

Beschreiben Sie die einzelnen Phasen in Stichworten.

Lernsituation 1: Erstellen einer Inspektions- und Wartungsanleitung für einen Kolbenkompressor

LS1

3. Aufbau eines Kolbenkompressors

3.1 Beschriften Sie die Bilder mit den richtigen Bauteilbenennungen.

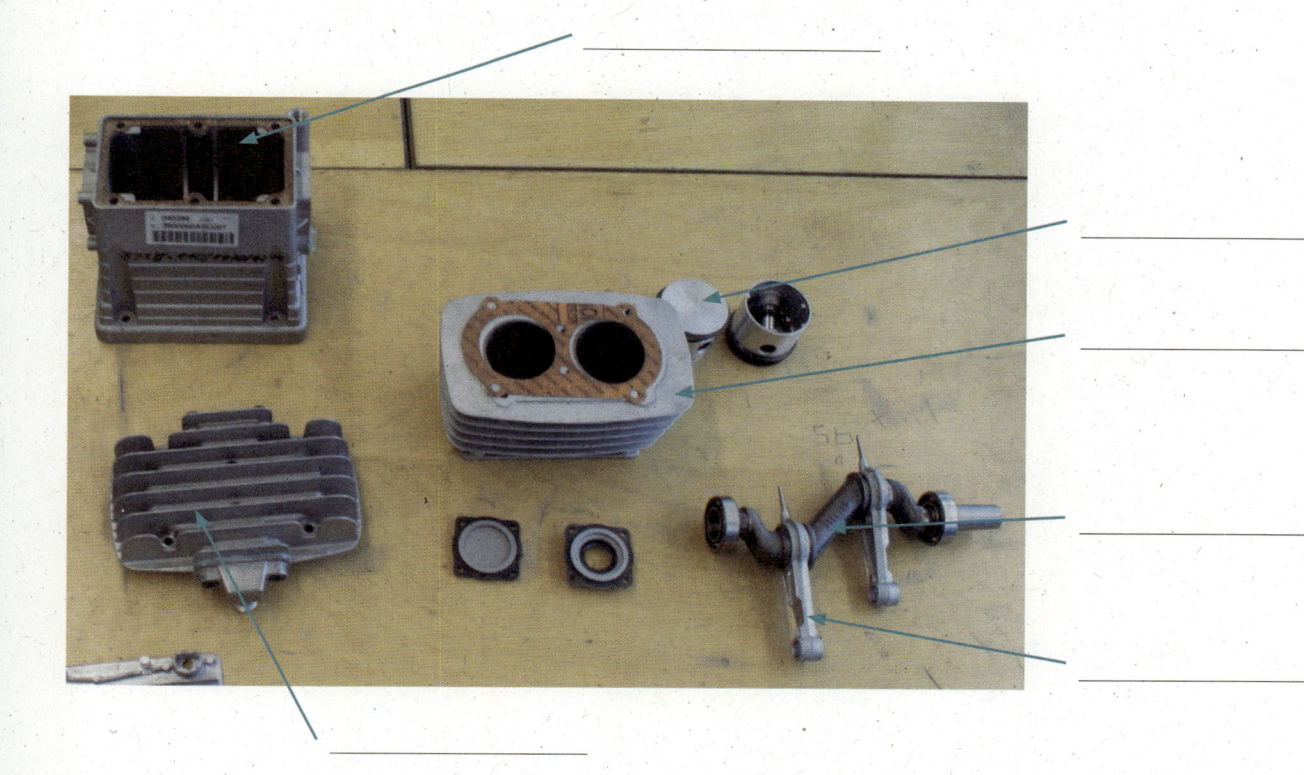

Lernfeld 4: Warten technischer Systeme

3.2 Tragen Sie die Positionsnummern der folgenden Bauteilbenennungen in die Zeichnung ein.

Bauteil	Pos.-Nr.
Kurbelwelle	1
Pleuel	2
Zylinderkopf	3
Kurbelgehäuse	4
Wälzlager	5
Ventilteller mit Einlass- und Auslassblech	6
Luftfilter	7
Kolben	8
Zylinder	9
Antriebs- bzw. Lüfterrad	10

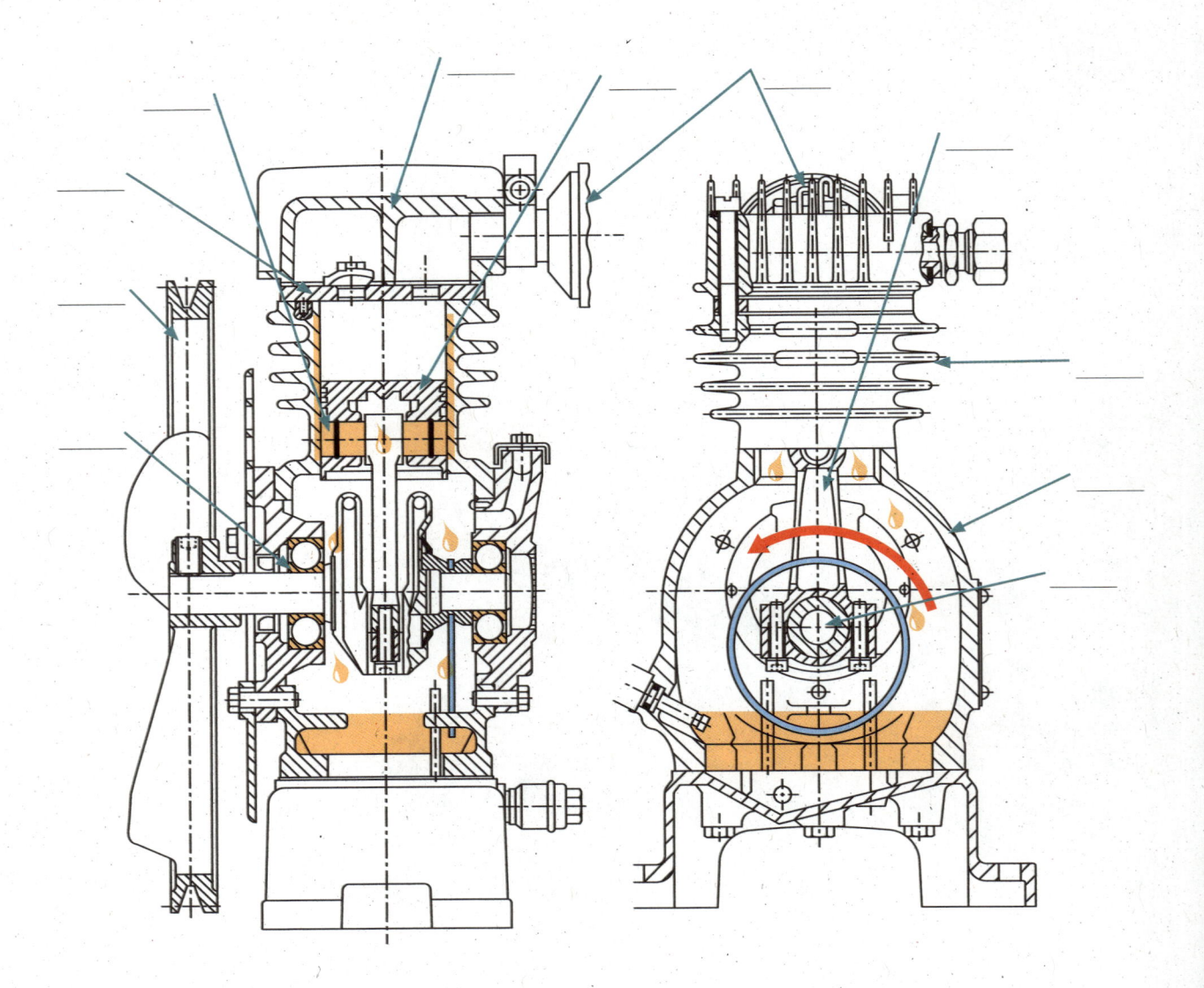

Lernsituation 1: Erstellen einer Inspektions- und Wartungsanleitung für einen Kolbenkompressor

LS1

4. Verschleiß und Verschleißminderung

4.1 Füllen Sie folgende Tabelle zu Bewegungen, Reibungsarten und -zuständen sowie Verschleißmechanismen aus.

Bauteile, die sich zueinander berührend bewegen	Reibungsart	Reibungszustand	Verschleißmechanismus
Wälzlager			
Kolbenringe – Zylinderwand			
Pleuel – Kurbelzapfen			
Riemen – Riemenscheibe			

4.2 Vervollständigen Sie die Tabelle zu Verschleiß, Ursachen und Maßnahmen.

Beispiel	Zahnradflächen bzw. -flanken	Wälzlagerring eines Pendelrollenlagers	Lockerer Riemen (geringe Riemenspannung)
Verschleißablauf (Bewegungen)			
Verschleißmechanismus			
Ursache			
Maßnahme			

LF4 Lernfeld 4:   Warten technischer Systeme

4.3 Erläutern bzw. „übersetzen" Sie die unten eingetragenen Symbole mithilfe eines Tabellenbuchs. Tragen Sie Ihre Ergebnisse in die Tabelle ein.

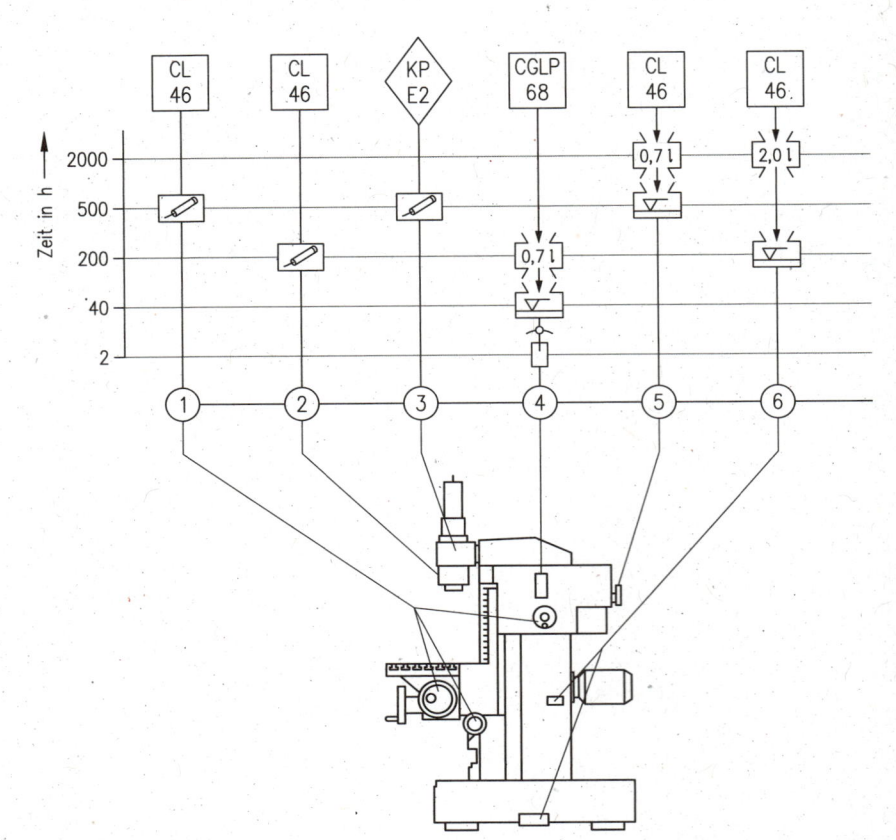

Symbol	Bedeutung, Tätigkeiten
CGLP 68	
KP E2	
2,0 l	
0,7 l	
CL 46	

Lernsituation 1: Erstellen einer Inspektions- und Wartungsanleitung für einen Kolbenkompressor

LS1

📋 PLANEN

1. Mithilfe einer Mindmap sollen die noch benötigten Informationen für die Erstellung einer Inspektions- und Wartungsanleitung identifiziert werden. Einige der bekannten Informationen sind bereits in der Mindmap aufgeführt.

Vervollständigen und ergänzen Sie die Mindmap. Nutzen Sie dazu ein separates DIN-A3-Blatt. Arbeiten Sie in Gruppen.

> Hinweis: Es gibt viele mögliche Lösungen. Varianten sind erwünscht.

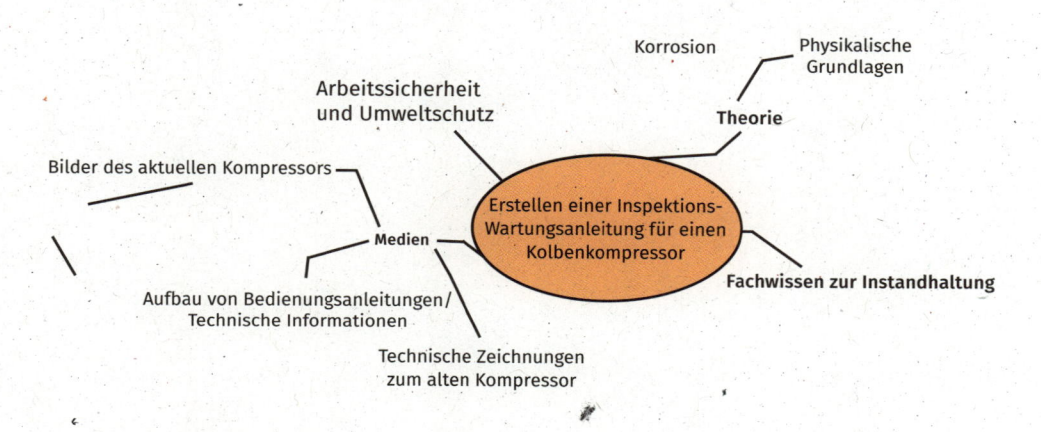

Mindmap – Zentrum: **Erstellen einer Inspektions-Wartungsanleitung für einen Kolbenkompressor**

Äste:
- Arbeitssicherheit und Umweltschutz
  - Korrosion
- Theorie
  - Physikalische Grundlagen
- Fachwissen zur Instandhaltung
- Medien
  - Bilder des aktuellen Kompressors
  - Aufbau von Bedienungsanleitungen / Technische Informationen
  - Technische Zeichnungen zum alten Kompressor

2. Entwickeln Sie mithilfe der Erkenntnisse aus der Informationsphase, ein vereinfachtes Flussdiagramm, um die Erstellung des Inspektions- und Wartungsplans zu planen.

┌─────────────────────────────────────┐
│   │
└─────────────────────────────────────┘
                  ↓

Lernsituation 1: Erstellen einer Inspektions- und Wartungsanleitung für einen Kolbenkompressor

LS1

🛠 DURCHFÜHREN

1. Sie haben jetzt alle vorbereitenden Schritte für die Erstellung der Anleitung durchlaufen.

Stellen Sie alle erarbeiteten Unterlagen zusammen und nutzen Sie das Flussdiagramm, um die Anleitung zu erstellen. Gestalten Sie die Anleitung digital. Dabei soll folgende Formatierung eingehalten werden: Schriftart und -größe: Arial, 11 pt, Überschriften fett.

💬 AUSWERTEN

1. Kontrollieren Sie nun gegenseitig die Eignung Ihrer Inspektions- und Wartungsanleitungen. Bilden Sie dazu Gruppen. Jede Gruppe überprüft die Anleitung einer anderen Gruppe mithilfe der folgenden Tabelle.

Bild	Was ist zu sehen?	Was ist zu tun?	Ist die Anleitung korrekt?

169

LF4 Lernfeld 4: Warten technischer Systeme

> Video: Demontage und Montage eines Zylinderkopfes an einem Kolbenkompressor

2. Optimieren Sie, wenn nötig, Ihre Anleitung.

3. Bereiten Sie mithilfe der nachfolgenden Checkliste das Übergabegespräch an die Kolleginnen und Kollegen in der Werkstatt vor.

Anforderungen	Mögliche Fragen während der Übergabe	Antwort(en)	Erledigt?

4. Führen Sie das Übergabegespräch in Partner- oder Gruppenarbeit durch.

Lernsituation 2: Zustandsprüfung eines Flurförderfahrzeugs **LS2**

Zustandsprüfung eines Flurförderfahrzeugs

Betriebliche Ausgangssituation

In Ihrem Betrieb werden elektrisch angetriebene Gabelstapler eingesetzt. Ein Gabelstapler ist ein Flurförderfahrzeug, das Güter innerhalb eines Betriebes befördern und ordnen kann. Ein Vorteil liegt darin, dass man damit auch Güter in der Höhe lagern kann.

Gegenüber dem großen Nutzen des Gabelstaplers stellt der Einsatz der schnell fahrenden Fahrzeuge in engen Hallen und auf unübersichtlichen Geländen aber auch eine Gefährdung der anwesenden Menschen dar.

Wie alle technischen Baugruppen müssen auch Gabelstapler regelmäßig inspiziert und gewartet werden, unter anderem ist täglich vor Nutzung eine Überprüfung hinsichtlich des sicheren Zustandes durchzuführen.

In letzter Zeit häufen sich Zwischenfälle, die auf eine nicht ausreichend sorgfältige tägliche Zustandsprüfung schließen lassen.

Arbeitsauftrag

Sie bekommen den Auftrag, eine Checkliste für die tägliche Prüfung zu erstellen. In einem ersten Durchlauf soll die Dokumentation zunächst analog in Papierform erfolgen, inklusive Unterschrift zur Bestätigung der Durchführung der Inspektion und ggf. Wartung.

Erfüllen Sie folgende Anforderungen:

1. Checkliste in Tabellenform erstellen
2. Tipps bzw. Links zu vertiefenden Informationen sammeln

🔍 ANALYSIEREN

1. Erstellen Sie eine Mindmap zum Thema „Instandhaltung" und ergänzen Sie insbesondere den „Ast" zum Begriff „Inspektion" mit typischen Tätigkeiten.

LF4 Lernfeld 4: _____ Warten technischer Systeme

2. Welche Fragen stellen sich Ihnen bzgl. eines Gabelstaplers?

_____
_____
_____
_____
_____

Ziele der Lernsituation

Am Ende dieser Lernsituation können Sie …	✓
… wesentliche Funktionsbaugruppen eines Gabelstaplers in einer technischen Darstellung erkennen.	☐
… typische Tätigkeiten zur Inspektion und Wartung am Gabelstapler beschreiben.	☐
… Tätigkeiten zur Inspektion und Wartung eines Gabelstaplers mithilfe einer Bedienungsanleitung erläutern.	☐
… Gefahren und Störungen während des Betriebes eines Gabelstaplers nennen.	☐
… relevante Funktionsprüfungen für den sicheren Betriebes eines Gabelstaplers nennen.	☐
… vorbeugende Maßnahmen zum Minimieren des Gefahrenpotenzials und zum Verhindern von Störungen beschreiben.	☐
… die Maßnahmen als Tätigkeiten formulieren.	☐
… Tätigkeiten hinsichtlich ihrer Umsetzbarkeit ordnen.	☐
… Betriebsstoffe für die Durchführung von Inspektion und Wartung am Gabelstapler mithilfe des Tabellenbuches auswählen.	☐
… Maßnahmen zur Erhaltung der Gesundheit und der Umwelt im Umgang mit Betriebsstoffen beachten.	☐
… den Aufbau und die Inhalte einer typischen Inspektion und Wartung beschreiben.	☐
… mithilfe verschiedener Quellen (Fachbuch, Internet, technische Unterlagen, z. B. Zeichnungen) eine Checkliste erstellen.	☐
… Kräfte durch Lasten an einem Gabelstapler berechnen.	☐
… Bewegungsabläufe eines bewegten Systems (hier: Gabelstapler) analysieren.	☐
… Fachbegriffe aus Technik und Physik angemessen verwenden, um Vorgänge zu beschreiben.	☐
… in einem Team Aufgaben gerecht verteilen.	☐
… Einzelergebnisse im Team vorstellen.	☐
… konstruktive Rückmeldungen geben und annehmen.	☐
… Rückmeldungen zur Optimierung der eigenen Ergebnisse nutzen.	☐

Lernsituation 2: Zustandsprüfung eines Flurförderfahrzeugs

INFORMIEREN

1. Aufbau eines Gabelstaplers

Ordnen Sie den Bildern mithilfe der Nummerierung aus der Tabelle die richtigen Beschriftungen zu. Tipp: siehe Infos dazu am Ende des Kapitels.

Begriff	Nummer
Gabel	1
Mast	2
Lasträder	3
Antriebsräder	4
Lenkgetriebe	5
Batterie	6
Sitz	7
Schutzrahmen	8
Hubzylinder	9
Hubketten	10
Abdeckung	11

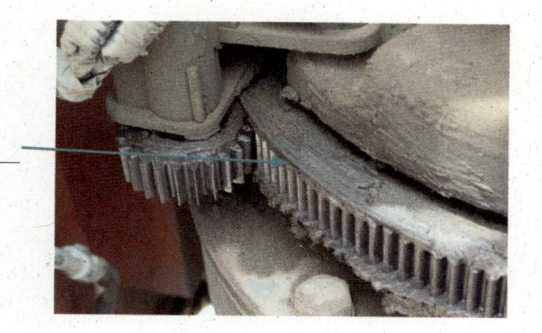

Lernfeld 4: Warten technischer Systeme

2. Bewegungsverhalten eines Gabelstaplers

2.1 Es soll der typische Ablauf einer Lastenförderung analysiert werden.

Grobe Ablaufbeschreibung: Ein LKW steht an einer Rampe vor der Lagerhalle zum Entladen bereit. Der Gabelstapler soll die Lasten (Paletten) entnehmen und in ein Regal (4 m hoch) einlagern. Der Weg beinhaltet einige Kurven (siehe folgende Abbildung).

Zerlegen Sie den gesamten Ablauf in einzelne Phasen und tragen Sie diese in die Tabelle ein. Die unten folgenden Darstellungen sollen als Hilfe dienen.

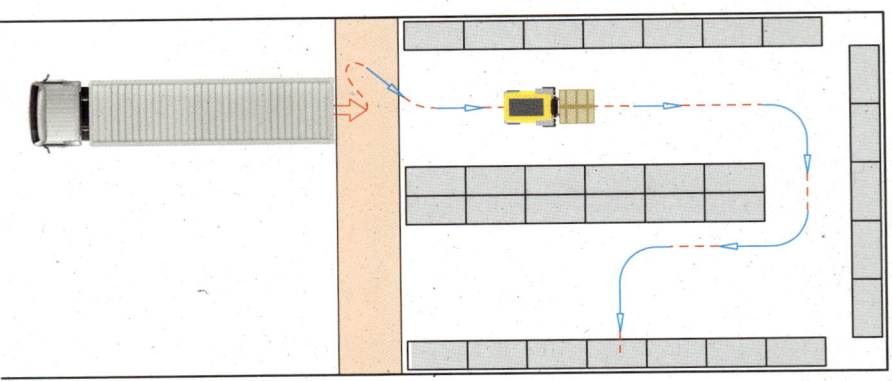

Beispiel für den Weg eines Gabelstaplers

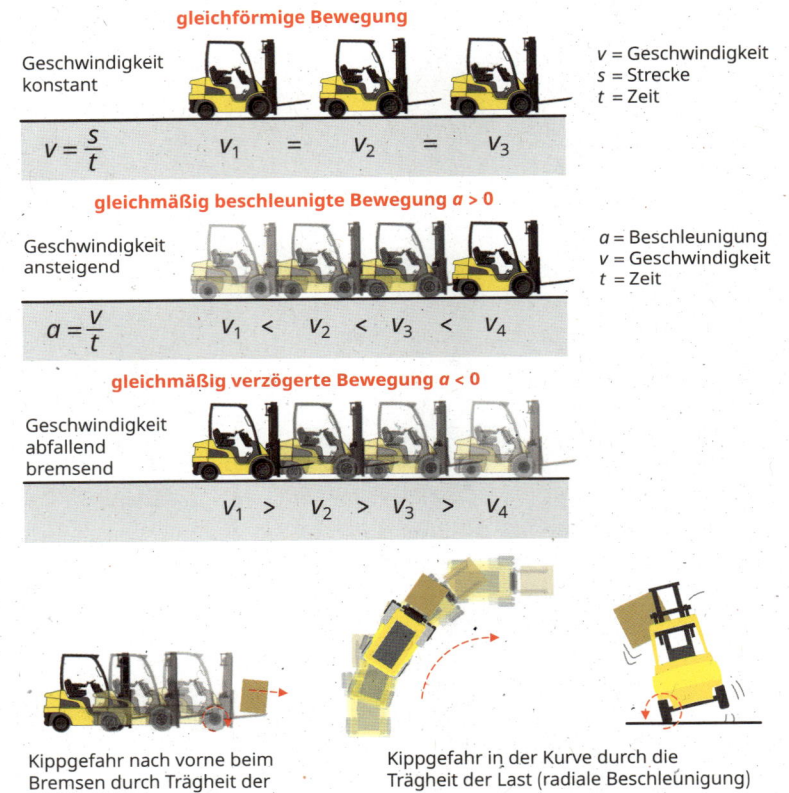

gleichförmige Bewegung

Geschwindigkeit konstant

$v = \frac{s}{t}$ $v_1 = v_2 = v_3$

v = Geschwindigkeit
s = Strecke
t = Zeit

gleichmäßig beschleunigte Bewegung $a > 0$

Geschwindigkeit ansteigend

$a = \frac{v}{t}$ $v_1 < v_2 < v_3 < v_4$

a = Beschleunigung
v = Geschwindigkeit
t = Zeit

gleichmäßig verzögerte Bewegung $a < 0$

Geschwindigkeit abfallend bremsend

$v_1 > v_2 > v_3 > v_4$

Kippgefahr nach vorne beim Bremsen durch Trägheit der Last

Kippgefahr in der Kurve durch die Trägheit der Last (radiale Beschleunigung)

Bewegungsformen und Kipparten

Im oberen Teil der Abbildung ist eine gleichförmige Bewegung dargestellt. Der Gabelstapler fährt mit konstanter Geschwindigkeit. Er wird weder gebremst noch wird er schneller. Außerdem fährt der Gabelstapler geradeaus. In der zweiten Bilderfolge ist eine beschleunigte geradlinige Bewegung des Gabelstaplers dargestellt. Der Gabelstapler wird zunehmend schneller. Die Beschleunigung ist durch die Änderung der Geschwindigkeit pro Zeit berechenbar (siehe Formel). Er beschleunigt „positiv". Die Beschleunigung a ist größer als 0 m/s².

Bremst der Gabelstapler, spricht man von einer verzögerten Bewegung. Die Beschleunigung ist kleiner als 0 m/s², also ein negativer Wert. Es besteht die Gefahr, dass der Gabelstapler bei falscher Beladung während einer starken Bremsung nach vorne kippt. Dies liegt an der Trägheit seiner Masse. Der Gabelstapler und die Ladung „wollen" nicht langsamer werden, sondern die Geschwindigkeit beibehalten.

Nun wird die Bewegung in einer Kurve betrachtet. Wird der Gabelstapler in eine Kurve gesteuert, wird die Trägheit der Masse des Gabelstaplers und seiner Ladung wieder wirksam. Die Trägheit wirkt der Kurvenbewegung entgegen. Bei falscher Bewegung und zu hoher Geschwindigkeit droht ein Kippen des Gabelstaplers.

Lernsituation 2: Zustandsprüfung eines Flurförderfahrzeugs **LS2**

Phase Nr.:	Bezeichnung der Phase	Physikalische Begriffe für Bewegungen	Bemerkungen zu physikalischen Größen
1			
2			
3			
4			
5			
6			
7			
8			
9			
10			
Phase Nr.	Bezeichnung der Phase	Physikalische Begriffe für Bewegungen	Bemerkungen zu physikalischen Größen

Lernfeld 4: Warten technischer Systeme

3. Kräfte am Gabelstapler

3.1 Stabilität eines Gabelstaplers: Zeichnen Sie in der Abbildung die jeweils wirkenden Kräfte ein.

Last auf den Gabeln:
$m_{Last} = 1{,}6$ t

Masse (Gewicht) des Gabelstaplers:
$m_{Stapler} = 3$ t

Batteriemasse: $m_{Batterie} = 1$ t

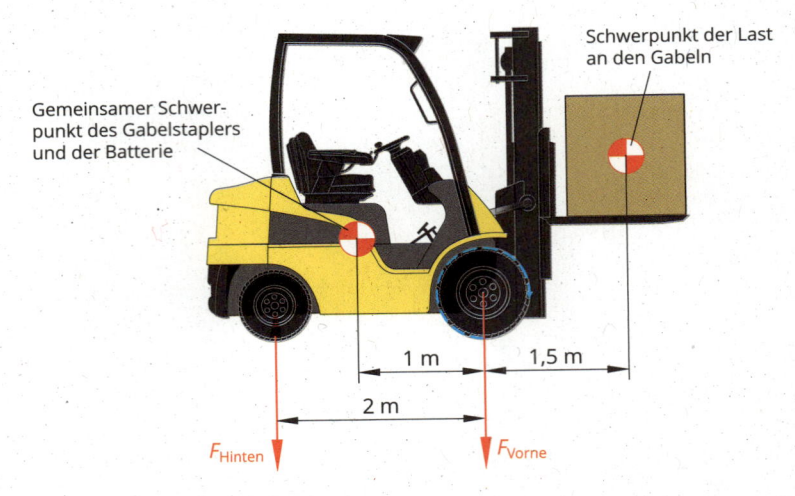

Lastenverteilung eines Gabelstaplers

3.2 Berechnen Sie mithilfe der Gleichungen zu Kräfte- und Momentengleichgewichten die Kräfte an den Rädern (Lagerkräfte).

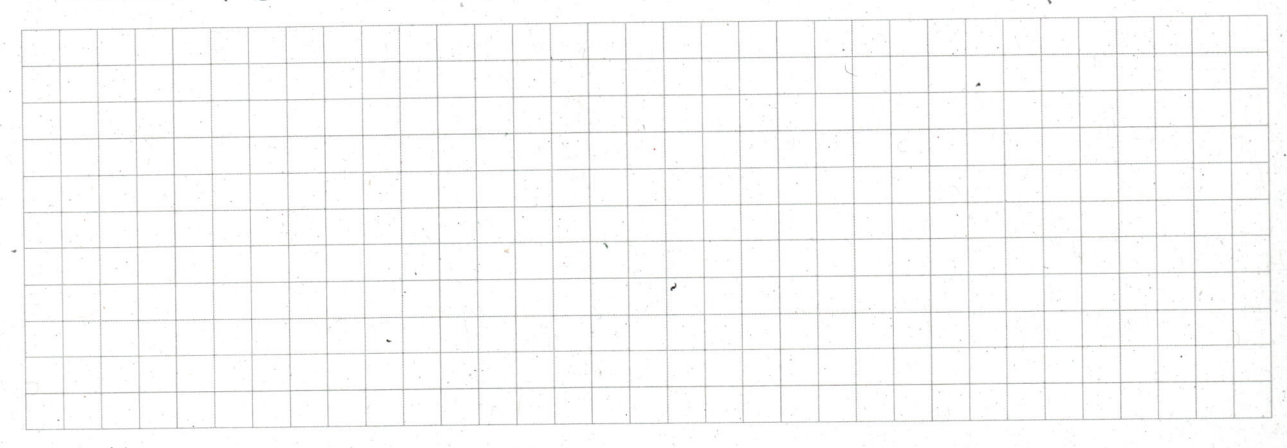

3.3 Bei welcher Last beginnt der Gabelstapler zu kippen, wenn er sich nicht bewegt?

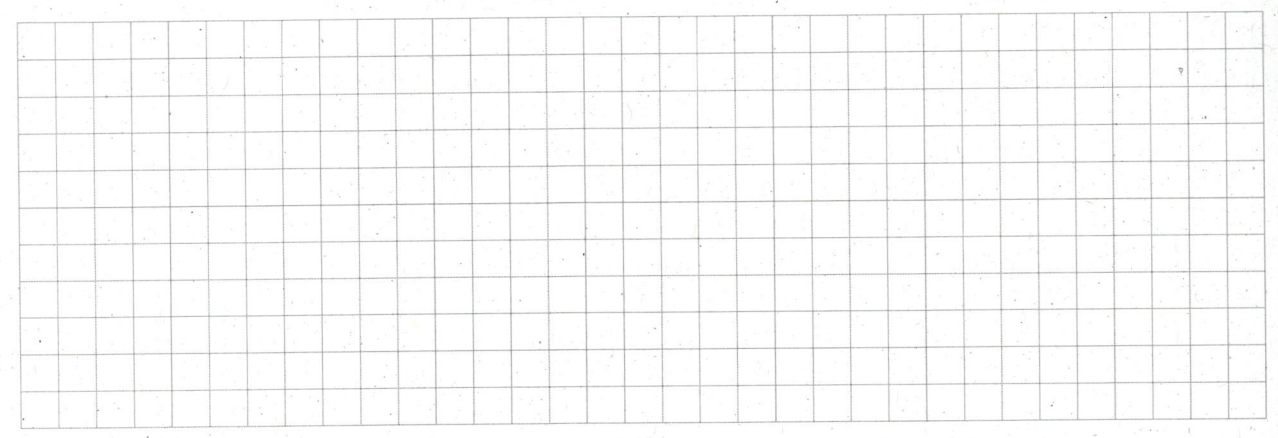

Lernsituation 2: Zustandsprüfung eines Flurförderfahrzeugs

LS2

4. Auswirkungen der Bewegungen und Kräfte auf den Zustand des Gabelstaplers

4.1 Markieren Sie in den unteren Darstellungen des Gabelstaplers die folgenden Beanspruchungsarten, indem Sie die zugehörigen Symbole einzeichnen (siehe Tabelle).

Beanspruchung	Symbol
Biegung	↓
Druck	→ ←
Zug	← →
Reibung	⇄

177

LF4 Lernfeld 4: Warten technischer Systeme

4.2 Verbinden Sie die folgenden Bilder durch Linien mit den richtigen Tätigkeiten und Maßnahmen. Kennzeichnen Sie zusätzlich die Inspektionstätigkeiten mit einem „I" und die Wartungstätigkeiten mit einem „W".

Prüfen der Kette hinsichtlich Längung	_____
Wechseln eines Rades	_____
Prüfen der Säurekonzentration in der Batterie	_____
Prüfen der Batteriespannung	_____
Prüfen des Anziehdrehmomentes der Schrauben am Rad	_____
Laden der Batterie	_____

178

Lernsituation 2: Zustandsprüfung eines Flurförderfahrzeugs **LS2**

4.3 Beschreiben Sie zu den folgenden Darstellungen passende Tätigkeiten am Gabelstapler. Verwenden Sie folgende Begriffe:

> reinigen • messen • schmieren • nachstellen • auffüllen • austauschen • prüfen mithilfe einer Lehre • instand setzen • Leckage • Risse • Kette • Profil • Abnutzung • Hydraulikzylinder • Reifen • Gabel • erneuern • Radaufhängung • Funktion

LF4 Lernfeld 4:   Warten technischer Systeme

4.4 Zu überprüfen ist auch die Funktionsfähigkeit des Gabelstaplers. Sammeln Sie zunächst in Einzelarbeit mithilfe der Placemat-Methode Funktionen an einem Gabelstapler, die geprüft werden müssen. Eine Funktion ist als Beispiel bereits angegeben. Verwenden Sie ein Papier (z. B. Paketpapier), das etwa DIN A2 entspricht.

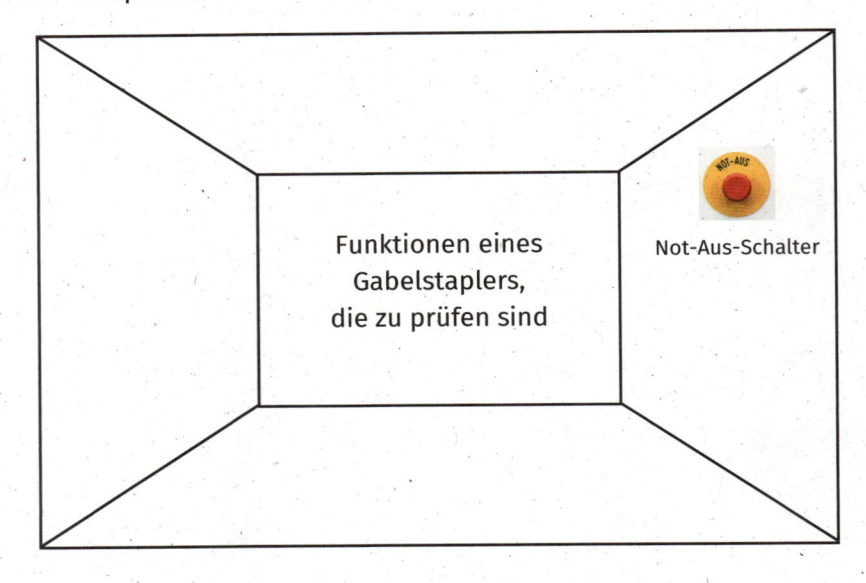

	Funktionen eines Gabelstaplers, die zu prüfen sind	Not-Aus-Schalter

4.5 Vergleichen Sie in Ihrer Gruppe Ihre Ideen und erstellen Sie zusammen eine Mindmap, um sich einen Überblick über die notwendigen Funktionsprüfungen zu verschaffen.

Funktionen eines Gabelstaplers, die zu prüfen sind

Lernsituation 2: Zustandsprüfung eines Flurförderfahrzeugs **LS2**

4.6 In der folgenden Tabelle sind Verschleißstellen, Anzeichen/Ursachen und ein Spalte für Tätigkeiten bzw. Maßnahmen aufgelistet. Vervollständigen Sie die Tabelle mithilfe einer Internetrecherche zu den Begriffen in der linken Spalte + „Wartung" + „Gabelstapler".

Die nebenstehenden QR-Codes führen Sie zu nützlichen Seiten.

Verschleiß-stelle	Anzeichen und Ursachen	Tätigkeiten/Maßnahmen
Gabelzinken		
Winkel der Gabel		
Mast		
Hubkette		
Brems- und Hydraulikleitungen		
Reifen		
Schutzkäfig der Fahrerzelle		
Lenkung		
Bremsen		
Batterie		

LF4 — Lernfeld 4: Warten technischer Systeme

📋 PLANEN

1. Erstellen Sie eine Liste aller Tätigkeiten, die bei der täglichen Inspektion des Gabelstaplers anfallen.

Prüfpunkte	Prüfzeug

Lernsituation 2: Zustandsprüfung eines Flurförderfahrzeugs

LS2

2. Ordnen Sie Ihre Liste der Tätigkeiten danach, ob sie durch eine Sicht- oder eine Funktionsprüfung ausgeführt werden. Tragen Sie ein „S" für Sichtprüfung und ein „F" für Funktionsprüfung ein.

3. Gestalten Sie in Ihrer Gruppe ein passendes Layout für die in der Ausgangssituation geforderte Checkliste.

🛠 DURCHFÜHREN

1. Erstellen Sie die Checkliste mithilfe Ihrer Vorbereitungen aus den vorangegangenen Arbeitsphasen. Beachten Sie die Anforderungen aus der Ausgangssituation.

💬 AUSWERTEN

1. Sie finden in einer Bedienungsanleitung für einen Gabelstapler die folgenden Informationen. Vergleichen Sie diese mit Ihrer eigenen Checkliste und korrigieren Sie gegebenenfalls.

LF4 Lernfeld 4: Warten technischer Systeme

Informationen zum Gabelstapler

Aufbau eines Gabelstaplers

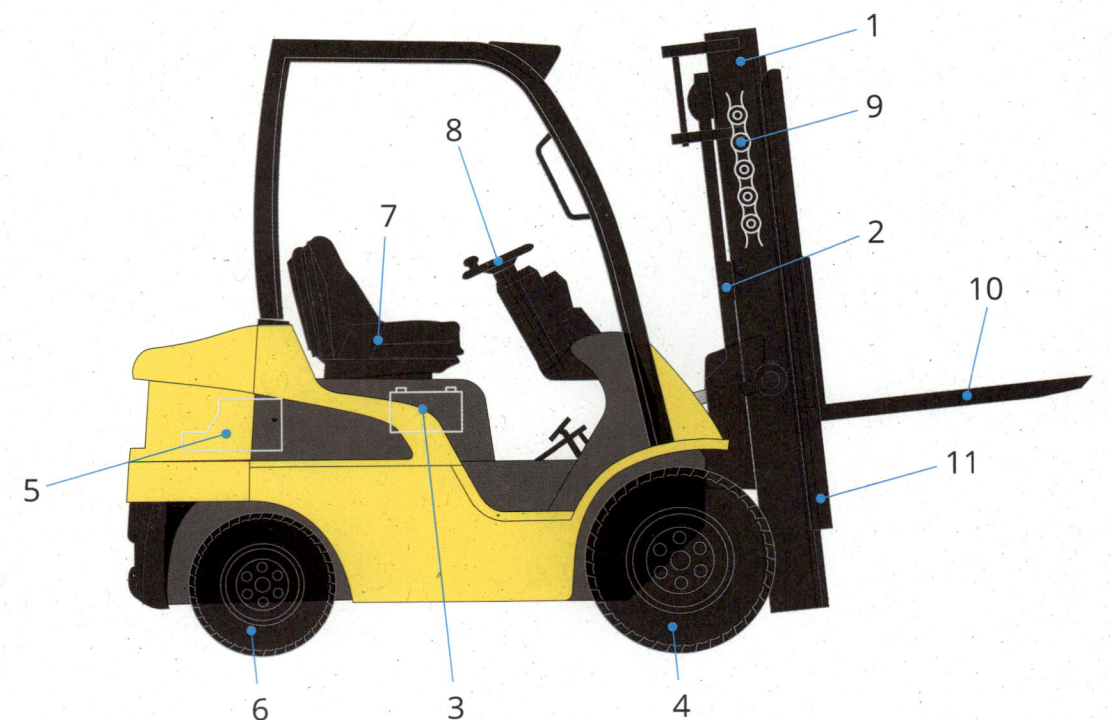

Pos.-Nr.	Benennung
1	Mast
2	Hubzylinder
3	Batterie
4	Lasträder
5	Antriebsmotor
6	Antriebsrad
7	Fahrersitz
8	Lenkrad
9	Hubketten
10	Gabelzinken
11	Gabelträger

Hinweise zum Umgang mit der Batterie

- Entladen Sie die Batterie nicht unter 20 % der maximalen Ladekapazität. Es kommt sonst zu einer Erwärmung, die die Lebensdauer der Batterie und anderer elektrischer Komponenten verringert. Ist diese Grenze erreicht, ist die Batterie voll aufzuladen.
- Zwischenladungen sind zu vermeiden, da auch diese die Lebensdauer der Batterie verringern. Jeder Ladezyklus verkürzt die Lebensdauer, unabhängig von Dauer und Ladungsmenge.
- Die Batterie sollte so wenig wie möglich an das Ladegerät angeschlossen werden, um die typische Zahl von 1 200 Zyklen zu erreichen.
- Wenn die Erfahrung gemacht wird, dass eine Batterie am Tag zwischendurch geladen werden muss, sollte überlegt werden, ob ein zweiter Gabelstapler beschafft werden kann.
- Unbedingt ist der Wasserstand mindestens einmal in der Woche zu prüfen und ggf. mit destilliertem Wasser bis zur Markierung aufzufüllen. Erfolgt dies nicht, entstehen beim Aufladen durch die Erwärmung und den elektrischen Strom Wasserstoff- und Sauerstoffgase (Knallgas!).
- Neben dem Flüssigkeitsstand ist zu prüfen, ob in den Batteriekammern weiße Kristalle zu erkennen sind. Es handelt sich um Bleisulfat-Kristalle. In diesem Fall ist ein Service-Techniker zu rufen.
- Das Ladegerät ist nach Abschluss des Aufladens auszuschalten und erst anschließend abzukoppeln. Reihenfolge beachten! Erst den Pluspol, dann die Masse.
- Alternativ lassen sich statt der Blei-Akkumulatoren Lithium-Ionen-Batterien einsetzen. Diese sind schneller aufladbar und außerdem ist kein Wasserstand zu prüfen.
- Auch bei dieser Batterieart ist ein Tiefenentladen gefährlich. Es kann zu Kurzschlüssen und schließlich zu Bränden führen.

Lernsituation 2: Zustandsprüfung eines Flurförderfahrzeugs **LS2**

Prüfungen am Fahrzeug vor jedem Einsatz:

- Batterieladezustand prüfen
- Alle Bedienungselemente aus Funktion prüfen
- Bremsanlage prüfen
- Hupe prüfen
- Gabelzinken und Zinkensicherungen prüfen
- Hydraulikanlage: Ölstand prüfen
- Stapler reinigen
- Hubketten und Mastführungen reinigen und mit geeigneten Schmiermitteln einsprühen
- Hubketten nachstellen
- Zustandsprüfung von Rädern und Reifen
- Radmuttern nachziehen
- Hydraulikschläuche erneuern

2. Geben Sie Ihre fertige Checkliste zur Beurteilung bei Ihrer Lehrkraft ab.

LF4 Lernfeld 4:   Warten technischer Systeme

Instandsetzung einer Spannvorrichtung

Betriebliche Ausgangssituation

Sie kommen morgens zu Ihrem Arbeitsplatz bzw. zu Ihrer Werkbank und finden dort eine Vorrichtung vor. Daneben liegt eine Notiz:

- macht Geräusche
- Schweißteile fallen runter
- in Zukunft vermeidbar?

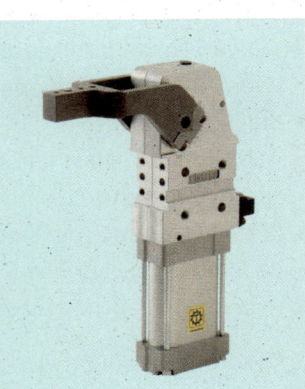

Sie vermuten, dass Sie die Vorrichtung instand setzen sollen. Allerdings haben Sie bisher diese Art von Vorrichtung nicht als Instandsetzungsauftrag bekommen. Um die Anforderungen im normalen Betrieb zu verstehen, beschließen Sie, den Einsatzort und die Arbeitsweise der Vorrichtung näher kennenzulernen.

Anschließend simulieren Sie die Demontage der Vorrichtung. Diese ist ein zentraler Schritt im Rahmen der Instandsetzung. Um die Simulation umzusetzen, sollen Sie zunächst ein Video zur Demontage erstellen. Ergänzend können Sie noch ein Video zur Simulation der übrigen Instandsetzungstätigkeiten erstellen.

Arbeitsauftrag

Erkunden Sie zunächst den Einsatzort und den Verwendungszweck der Vorrichtung. Simulieren Sie anschließend mithilfe eines Videos Ihr Vorgehen bei der Demontage der Spannvorrichtung. Ergänzen Sie Ihre Simulation durch ein weiteres Video zu den übrigen Instandsetzungstätigkeiten.

Entwickeln Sie abschließend mögliche Optimierungsmaßnahmen für zukünftige Instandsetzungen.

Erfüllen Sie folgende Anforderungen:

1. Strukturiertes Drehbuch zum Video erstellen mithilfe von Bildern
2. Beschreibung aller Tätigkeiten und der zugehörigen Hilfsmittel (Werkzeuge, Betriebsstoffe und technische Unterlagen) im Rahmen der Drehbucherstellung
3. Das Video soll digital erstellt werden, z. B. eine aufgezeichnete Präsentation.

🔍 ANALYSIEREN

1. Erstellen Sie mithilfe der Methode „Placemat" und gegebener Informationen (Zeichnungen, Videos und Abbildungen) einen Fragenkatalog zum Einsatz der Vorrichtung. Einigen Sie sich in Ihrer Gruppe auf einen Fragenkatalog, der dann abschließend in der Klasse diskutiert wird.
2. Welches Vorwissen und welche Erfahrungen bringen Sie im Zusammenhang mit dem Auftrag bereits mit (Instandhaltung von technischen Baugruppen, Erstellen von Videos)?
3. Welche Informationen benötigen Sie noch bzw. sind bereits gegeben?

Lernsituation 3: Instandsetzung einer Spannvorrichtung **LS3**

Ziele der Lernsituation

Am Ende dieser Lernsituation können Sie …	✓
… mithilfe technischer Unterlagen und Videos den Einsatz einer technischen Vorrichtung beschreiben.	☐
… das Funktionsprinzip einer pneumatisch angetriebenen Vorrichtung zum Spannen von Bauteilen erläutern.	☐
… Bauteile der Vorrichtung in einer technischen Zeichnung erkennen.	☐
… Bauteile der Vorrichtung hinsichtlich ihrer Funktion im Betrieb erläutern.	☐
… die dynamischen Vorgänge (Bewegung, Kräfte und Drehmomente) in der Vorrichtung beschreiben.	☐
… Berechnungen zu Kräften und Drehmomenten in der Vorrichtung durchführen.	☐
… Thesen zu Ursachen von Verschleißanzeichen mithilfe von Abbildungen aufstellen.	☐
… den Beschaffungsvorgang für Ersatzteile planen und durchführen.	☐
… ggf. Fertigungsaufträge für Einzelteile formulieren.	☐
… ein systematisches Vorgehen zur Fehlersuche an der Vorrichtung beschreiben.	☐
… die zur Demontage notwendigen Hilfsmittel (Werkzeuge, Betriebsstoffe) auflisten.	☐
… die Anwendung der Hilfsmittel erläutern.	☐
… einen Demontage- und Montageplan zur Vorrichtung erstellen.	☐
… mögliche Schwierigkeiten beim Demontieren und Montieren beschreiben.	☐
… Maßnahmen zum Überwinden der Schwierigkeiten erläutern.	☐
… die Inbetriebnahme der Vorrichtung erläutern.	☐
… Betriebsstoffe für die Durchführung der Instandsetzung mithilfe des Tabellenbuches auswählen.	☐
… Maßnahmen zur Erhaltung der Gesundheit und der Umwelt im Umgang mit Betriebsstoffen ermitteln.	☐
… den Aufbau und die Inhalte eines Drehbuchs für das Erstellen eines Videos zur Simulation der Demontage beschreiben.	☐
… in einem Team Aufgaben gerecht verteilen.	☐
… Einzelergebnisse im Team vorstellen.	☐
… konstruktive Rückmeldungen annehmen.	☐
… Rückmeldungen zur Optimierung der eigenen Ergebnisse nutzen.	☐

LF4 Lernfeld 4: _____ Warten technischer Systeme

📖 INFORMIEREN

1. Ein Video erstellen

1.1 Erstellen Sie mithilfe einer Präsentationssoftware, z. B. PowerPoint, eine Präsentation zur Montage einer einfachen Baugruppe oder eines einfachen Bausatzes (Lego o. Ä.). Verwenden Sie in dieser Präsentation Fotos (selbst erstellt oder im Internet frei verfügbare Bilder). Wenden Sie die Funktion „Aufzeichnen" an. Experimentieren Sie mit Möglichkeiten hinsichtlich Audio, Zeigeranzeige und Ähnlichem.

1.2 Recherchieren Sie im Internet nach möglichen Anbietern von Software zur Erstellung von Erklärvideos. Informieren Sie sich über die Datenschutzsicherheit und die zulässige Anwendung in Ihrer Schule. Wählen Sie ein einfaches Beispiel (s. o.) und wenden Sie die Software experimentell an.

2. Einsatz und Funktion der Spannvorrichtung

2.1 Beschreiben Sie typische Einsatzbereiche der Spannvorrichtung mithilfe der gegebenen Informationen (QR-Code und nachfolgende Bilder).

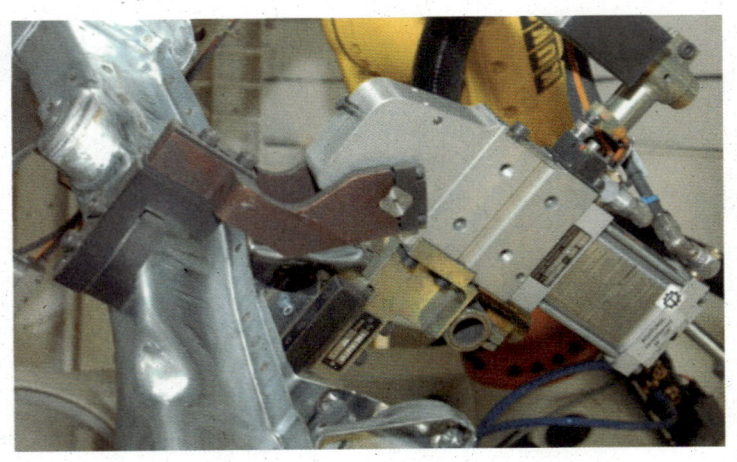

Positionieren eines Werkstücks für den nächsten Arbeitsschritt

Spannen eines Werkstücks in der Produktion

_____

_____

_____

_____

Lernsituation 3: Instandsetzung einer Spannvorrichtung

LS3

2.2 Aufbau der Spannvorrichtung: Tragen Sie die Positionsnummern mithilfe der Explosionszeichnung und der vereinfachten Stückliste in die nachfolgende 3D-Darstellung ein. Zwei Beispiele sind bereits eingetragen.

> Hinweise: Nicht alle Bauteile sind zu erkennen.

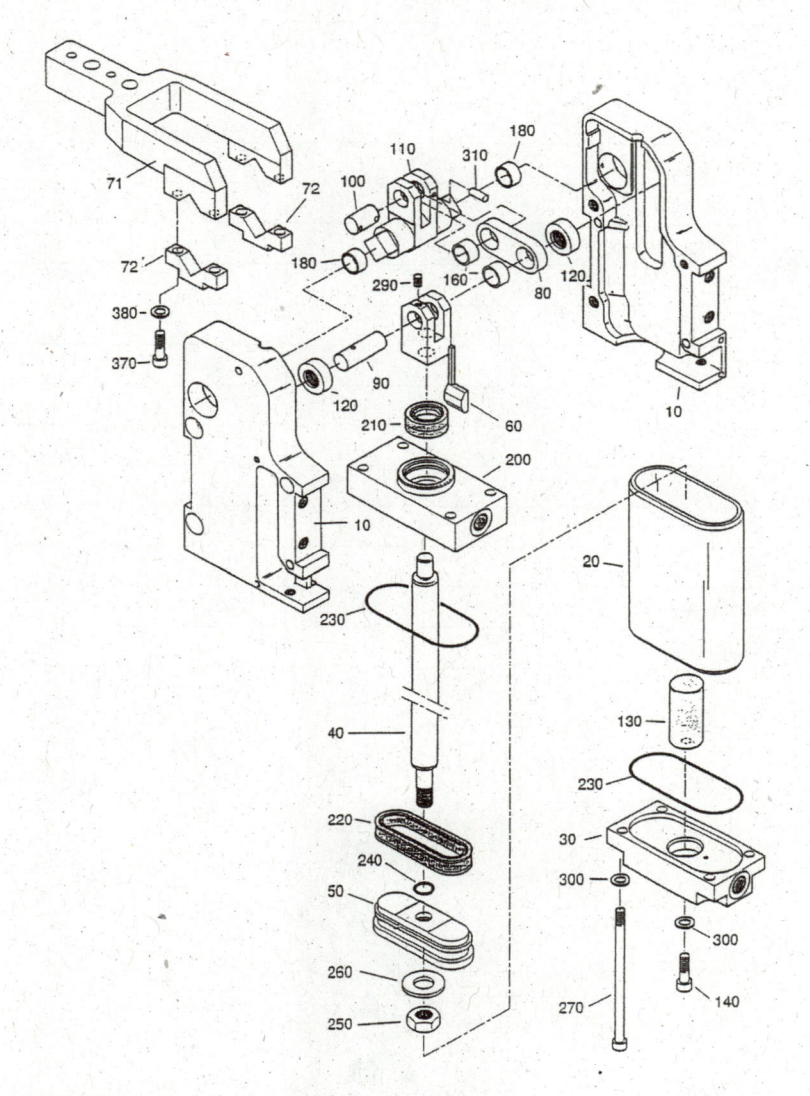

Explosionszeichnung der Spannvorrichtung

Pos.-Nr.	Menge	Bezeichnung	Bemerkung/Norm
10	1	Gehäuse komplett	Zwei Hälften
20	1	Flachovalzylinder	
30	1	Deckel	
40	1	Kolbenstange	
50	1	Kolben	
60	1	Gabelstück mit geschweißter Zunge	
71	1	Klemmstück (oben)	
72	2	Klemmstück (unten)	
80	1	Lasche	

Lernfeld 4: Warten technischer Systeme

90	1	Bolzen (lang)	
100	1	Bolzen (kurz)	
110	1	Bolzen mit Vierkant	
120	2	Stützrolle komplett	Außenring mit Nadelrollen
130	1	Puffer	
140	1	Innensechskantschraube für Puffer	
160	2	Laufbuchse	
180	2	Bundbuchse	
200	1	Abdeckhaube	
210	1	Dichtabstreifsatz	
220	1	Zylinderdichtung (Kolben)	
230	2	O-Ring (Zylinder)	
240	1	O-Ring (Kolben)	
250	1	Sechskantmutter	
260	1	Scheibe	
270	4	Innensechskantschraube	
280	5	Sicherungsschreibe	
290	1	Gewindestift	
300	4	Scheibe	
310	2	Zylinderstift	
370	4	Innensechskantschraube	
380	4	Scheibe	

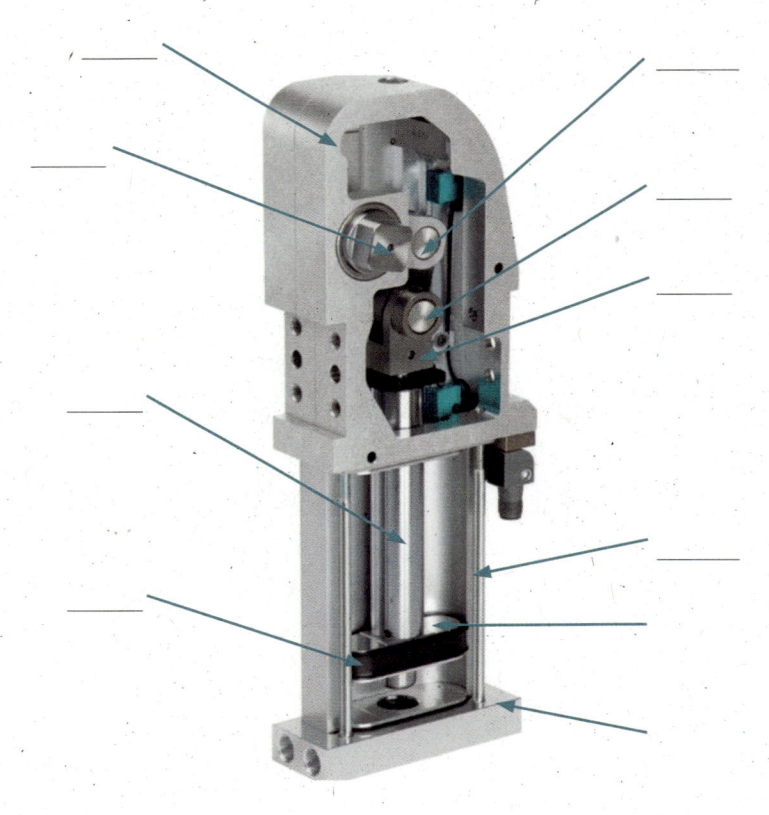

3D-Darstellung der Spannvorrichtung

Lernsituation 3: Instandsetzung einer Spannvorrichtung

LS3

3. Bewegungen, Kräfte und Drehmomente an der Spannvorrichtung

3.1 Schauen Sie sich das Video an, zu dem Sie der QR-Code führt. Analysieren Sie mit seiner Hilfe die Bewegungsabläufe der Bauteile und übertragen Sie Ihre Beobachtungen in die nachfolgende Zeichnung. Nutzen Sie Pfeile, um die Bewegungen der Bauteile anzudeuten, wenn Druckluft von unten zugeführt wird.

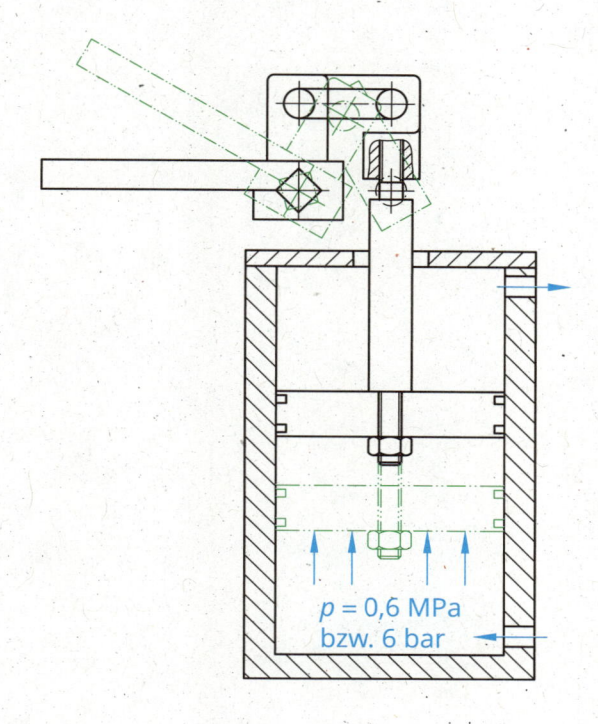

$p = 0{,}6$ MPa bzw. 6 bar

3.2 Berechnen Sie die Kraft an der Kolbenstange, wenn der effektive Druck im Zylinder 0,6 MPa, bzw. 6 bar beträgt. Die Maße zum Kolben sind der Skizze unten zu entnehmen.

Welche Normteile werden durch diese Kolbenkraft auf Zug belastet und welche Konsequenz ergibt sich daraus für die Montage der Spannvorrichtung?

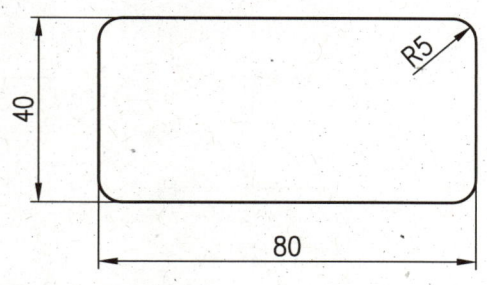

Kolbenfläche mit Maßen (40 × 80, R5)

LF4

Lernfeld 4: Warten technischer Systeme

Lernsituation 3: Instandsetzung einer Spannvorrichtung

LS3

3.3 Spannkraft am Ende des Klemmstücks: Nebenstehend ist eine vereinfachte Darstellung der Spannvorrichtung zu sehen.

Berechnen Sie die Spannkraft mithilfe der angegeben Maße und der berechneten Kolbenkraft aus Aufgabe 3.2.

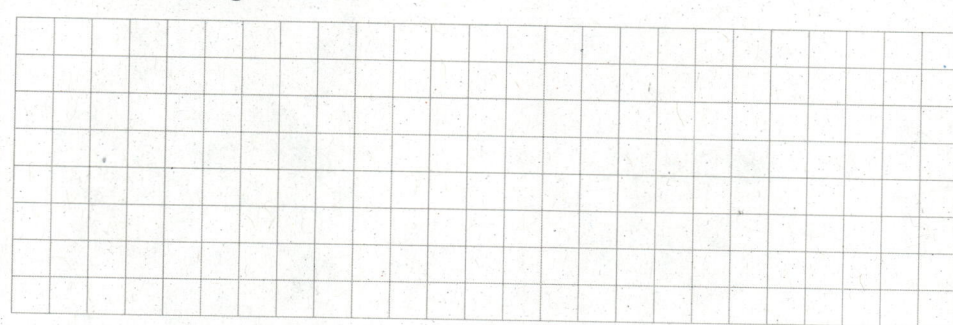

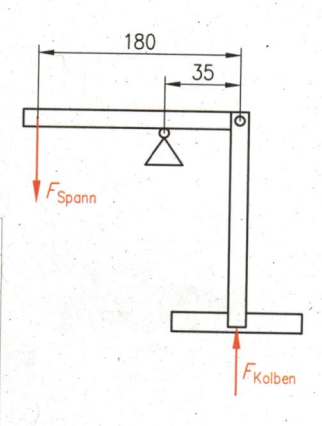

3.4 Sie kennen sicherlich die sogenannte Hebelwirkung. Das Ergebnis der Spannkraft erscheint ungewöhnlich. Begründen Sie, welchen konstruktiven Grund es für diese Tatsache gibt.

_____
_____
_____
_____
_____
_____

4. Reibung und Verschleiß

4.1 Kennzeichnen Sie in den folgenden Bildern die Stellen, an denen Verschleiß entsteht. Benennen Sie die Stellen in der nachfolgenden Tabelle (Pos.-Nummern und Bezeichnungen siehe „Explosionszeichnung der Spannvorrichtung" auf S. 189 und zugehörige Tabelle).

Ergänzen Sie in der Tabelle außerdem die Verschleißmechanismen, die an den markierten Stellen wirken, sowie geeignete Maßnahmen zur Minderung bzw. Wiederherstellung.

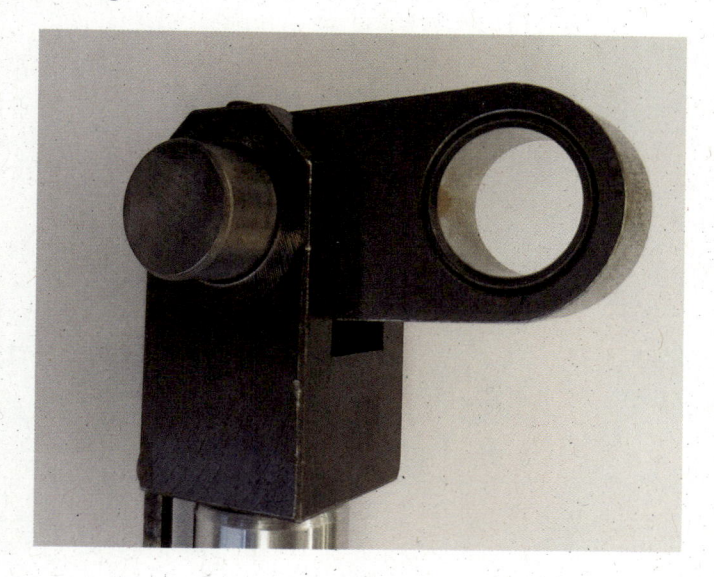

LF4 Lernfeld 4: Warten technischer Systeme

Pos.	Bauteilbenennung, Verschleißort	Reibung, Verschleißmechanismen, Belastung	Maßnahme zur Minderung bzw. Wiederherstellung

Lernsituation 3: Instandsetzung einer Spannvorrichtung

LS3

PLANEN

1. Demontage der Spannvorrichtung

Gehen Sie bei den folgenden zwei Aufgaben wie folgt vor:

1. Bilden Sie Kleingruppen à drei bis vier Personen.
2. Bearbeiten Sie die Aufgaben zunächst allein.
3. Vergleichen Sie anschließend in Ihrer Gruppe die Ergebnisse.
4. Einigen Sie sich in Ihrer Gruppe auf ein Ergebnis.

1.1 Unten sehen Sie die Explosionszeichnung zur Spannvorrichtung. Umkreisen Sie Bauteile, die sich zu einer funktionalen Baugruppe zusammen ordnen lassen, und tragen Sie eine passende Bezeichnung der Baugruppe ein.

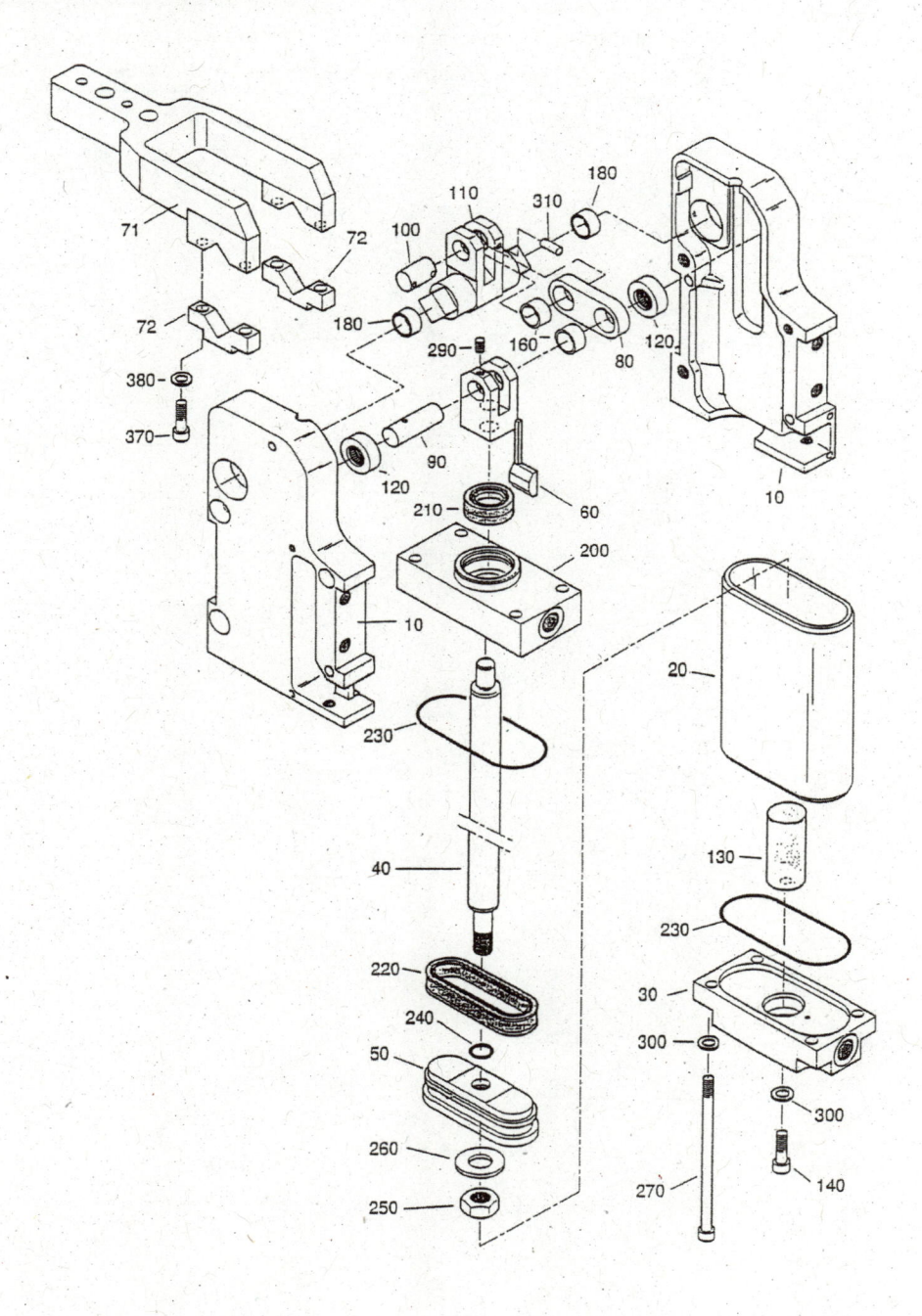

195

LF4 Lernfeld 4: Warten technischer Systeme

1.2 Formulieren Sie jeweils eine Begründung, warum Sie die Baugruppen so benannt haben.

_____

_____

_____

1.3 Erstellen Sie in Ihrer Gruppe einen Demontageplan für die Spannvorrichtung in Textform. Nach der Demontage soll eine Inspektion folgen.

Formulieren Sie Ihre Sätze unter Verwendung der nachfolgend gegebenen Begriffe, der Positionsnummern und der Bauteilbenennungen (siehe „Explosionszeichnung der Spannvorrichtung" auf S. 189 und zugehörige Tabelle).

> Begriffe: trennen • zerlegen • lösen • schrauben • schlagen • treiben • Schonhammer • Schlosserhammer • Sechskantschraubendreher • Schlitzschraubendreher • Maulschlüssel • Dorn oder Austreiber

Lernsituation 3: Instandsetzung einer Spannvorrichtung

1.4 Erstellen Sie jetzt ein tabellarisches Drehbuch auf einem DIN-A3-Blatt, um eine Simulation der Demontage mithilfe eines Video durchführen zu können. Orientieren Sie sich an Ihrem Demontageplan aus Aufgabe 1.3.

Vorlage zum Drehbuch:

Nr.	Überschrift der Szene	Tätigkeit	Audio
1	Gesamtdarstellung der Spannvorrichtung	Bild zur Spannvorrichtung wird beschrieben	„Zu sehen ist eine Spannvorrichtung, die zum Spannen von Werkstücken in einer automatisierten Produktion eingesetzt wird ..."
2	Trennen der Baugruppe Klemmstück	Lösen der Schrauben und Beiseitelegen der Bauteile obere und untere Klemmstücke	„Zunächst wird die Baugruppe Klemmstück von dem übrigen Teil der Spannvorrichtung getrennt. Dazu sind die Schrauben (Pos. 370) mithilfe eines Innensechskantschraubendrehers zu lösen."
...	...	...	...

1.5 Die Demontage beansprucht einen zeitlich großen Teil der gesamten Instandsetzung. Die eigentlichen Tätigkeiten zur Instandsetzung sind in der folgenden Tabelle aufgelistet. Die Demontage taucht ebenfalls noch einmal auf. Gestalten bzw. recherchieren Sie im Internet grafische Elemente, die zu den Tätigkeiten passen.

Auszuführende Arbeiten (Überschrift)	Anzeichen, Mess- bzw. Prüfgröße sowie nötige Betriebs- bzw. Hilfsstoffe	Häufigkeit	Beschreibung der Tätigkeiten und ggf. Betriebsstunden
Kontrolle allgemeiner Zustand	Verbindungen (Sensor und Druckluft), „Zischen" durch entweichende Luft	pro Schicht 1x	
Bei Fertigungsstörungen ggf. Austausch	Nachlassende Spannkraft: „locker" eingespannte Werkstücke	s. rechts	Nach Bedarf, spätestens nach 1 Million Bewegungen bzw. Zyklen (s. Herstellerangabe)[1]
Blockierung prüfen	Blockierfunktion nach max. Auslenkung von 5° durch Handkraft gegeben		Nach Bedarf, spätestens nach 1 Million Bewegungen bzw. Zyklen (s. Herstellerangabe)[1]
Funktionsfähigkeit prüfen	Spannkraft und -winkel sowie Blockierfunktion		Nach 100 000 Zyklen drucklosen Zustand herstellen, Hebel in 10°–135°-Position bringen und in die Blockierposition drücken. Max. Auslenkung vor Blockierung 5°
Demontage, um Zustand der einzelnen Bauteile zu prüfen	Verschleißspuren	nach 1 Million Zyklen[1]	Tünkersspanner in Vorrichtung einspannen und Kraft sowie Weg messen
Zustand prüfen: Fortsetzung	Spiel zwischen den Bauteilen		Reinigen und Maße prüfen, Messschieber und Lehren nutzen
Bauteile austauschen und Montage	Ersatzteile, Schmierstoff; Anziehdrehmoment: 48 Nm		Per Auge und Finger

[1] 1 Million Bewegungen: z.B. bei 2 Bewegungen pro Fahrzeug und 1 250 Fahrzeugen am Tag, also rund 400 Tage bzw. ein gutes Jahr

Lernfeld 4: Warten technischer Systeme

Tätigkeit	Symbol
Kontrolle: → visuell → akustisch	👂)))
Störungen	
Austausch	
Blockierfunktion	
Beweglichkeit/Gängigkeit prüfen	
Spannkraft	
Winkel	

🛠 DURCHFÜHREN

1. Erstellen Sie Ihr Video zur Demontage der Spannvorrichtung, indem Sie Ihre Ergebnisse der vorangegangenen Phasen nutzen. Wählen Sie Bilder aus (Sammlung), überlegen Sie sich Kommentare (visuell und ggf. per Audio, siehe Ergebnisse der Aufgabe 1.4 aus der Phase „Planen") und fügen Sie diese entsprechend Ihrem Drehbuch in ein Präsentationsprogramm ein (z. B. PowerPoint). Nehmen Sie die Präsentation über die Aufnahmefunktion auf. Speichern bzw. exportieren Sie die Aufnahme als MP4-Datei und bearbeiten Sie ggf. das Video mit einem passenden Programm nach.

2. Erstellen Sie eine weitere Präsentation zu den übrigen Tätigkeiten der Instandsetzung. Nutzen Sie dazu die gesammelten und gestalteten Grafiken (siehe Ergebnisse der Aufgabe 1.5 aus der Phase „Planen"). Nehmen Sie die neue Präsentation ebenfalls auf und exportieren auch diese als MP4-Datei.

💬 AUSWERTEN

1. Vergleichen Sie Ihr Video mit dem Muster-Erklärvideo (siehe QR-Code) und optimieren Sie es bei Bedarf.

2. Stellen Sie Ihr(e) Video(s) zur Beurteilung Ihrer Lehrkraft zur Verfügung.

Bildquellenverzeichnis

|Adolf Würth GmbH & Co. KG, Künzelsau-Gaisbach: 153.1. |Alamy Stock Photo, Abingdon/Oxfordshire: Kondratov, Aleksandr 165.3. |Alves, Alexander, Staufenberg: erstellt von Di Gaspare, Michele (Bild und Technik Agentur für technische Grafik und Visualisierung), Bergheim 114.1, 118.1, 137.1. |Anthon GmbH Maschinen- & Anlagenbau, Flensburg: 56.1; nachgezeichnet von Di Gaspare, Michele (Bild und Technik Agentur für technische Grafik und Visualisierung), Bergheim 56.2, 56.3. |Bauer Media Group, Hamburg: 59.1. |BC GmbH Verlags- und Medien-, Forschungs- und Beratungsgesellschaft, Ingelheim: 73.1, 73.2, 73.3, 73.4, 73.7, 73.8, 151.1, 154.1. |Bohrcraft Werkzeuge GmbH & Co. KG, Remscheid: 62.1, 63.1, 63.2, 63.3, 63.4, 63.5. |Bünz, Christian, Braunschweig: 163.2, 169.2, 169.5, 193.2, 193.3, 194.1, 194.2. |CNC-STEP GmbH & Co. KG, Geldern: 31.1. |deckermedia GbR, Rostock: 164.1. |Di Gaspare, Michele (Bild und Technik Agentur für technische Grafik und Visualisierung), Bergheim: 10.1, 10.2, 11.1, 11.3, 12.1, 19.1, 23.1, 24.1, 24.2, 25.1, 26.1, 26.2, 27.1, 31.2, 34.1, 35.1, 37.1, 44.2, 44.3, 47.1, 49.1, 49.2, 50.1, 71.1, 77.1, 86.1, 89.1, 89.2, 91.1, 98.2, 99.1, 102.1, 102.2, 103.1, 103.2, 103.3, 104.1, 104.2, 105.1, 105.2, 106.1, 107.1, 107.2, 115.1, 115.2, 115.3, 116.1, 127.2, 127.3, 128.1, 132.1, 132.2, 132.3, 132.4, 132.5, 133.1, 133.2, 135.1, 135.2, 135.3, 137.2, 137.3, 137.4, 146.1, 152.1, 152.2, 152.3, 162.1, 162.2, 162.3, 162.4, 165.1, 165.4, 165.5, 165.6, 166.1, 166.2, 166.3, 166.4, 166.5, 166.6, 174.1, 174.2, 176.1, 177.1, 177.2, 177.3, 177.4, 177.5, 177.6, 177.7, 179.3, 179.4, 179.5, 179.6, 179.7, 184.1, 191.1, 191.2, 192.1, 193.1, 198.1, 198.3, 198.4, 198.5, 198.6, 198.7, 198.8. |Fachverband Metall Bayern, Garching: erstellt von Di Gaspare, Michele (Bild und Technik Agentur für technische Grafik und Visualisierung), Bergheim 127.1. |Festo SE & Co. KG, Esslingen: 169.4. |Heinrich Klar Schilder- u. Etikettenfabrik GmbH & Co. KG, Wuppertal: 73.5. |Hockerup, Carmen, Hürup: 6.1, 6.2, 6.3, 11.2, 44.1. |iStockphoto.com, Calgary: aydinmutlu 173.1; BanksPhotos 169.1; gilaxia 173.4; kzenon Titel; MJ_Prototype 171.1; tonsound 169.3; Tramino 98.1. |mauritius images GmbH (RF), Mittenwald: Pitopia/Micha_h 180.1. |Megele, Thomas, Ursberg: 84.1, 84.2, 84.3, 84.4, 93.1. |Metabowerke GmbH, Nürtingen: 160.1, 163.1. |NSK Deutschland GmbH, Ratingen: 165.2. |Oerke, Alexa, Gifhorn: 40.1, 80.2, 80.3, 81.1, 81.2, 81.3, 81.4, 150.1, 156.1, 156.2, 157.1. |Shutterstock.com, New York: Aulia1 75.1; Baloncici 178.3; chemical industry 173.2; Corepics VOF 178.1, 178.2, 178.4, 178.5, 178.6; donatas1205 28.1, 28.2, 28.3; evkaz 148.1; Gorodenkoff 43.3; Maji Design 198.2; Marish 42.1; Matee Nuserm 43.1; Mica Stock 80.1; modustollens 33.3; Mr.1 173.3; PixelSquid3d 67.1; Pratchaya.Lee 179.1, 179.2; SaskiaAcht 43.2; Shutter z 43.4; Tolstykh, Alexander 67.2; VIPRESIONA 32.1; wavebreakmedia 68.1. |stock.adobe.com, Dublin: bilderzwerg 73.6; darkside photodesign 21.1; dima_pics 29.1; Dmitrii 21.6; goliat&friends 180.2; Ilshat 21.2; KONSTANTIN SHISHKIN 21.5; Negro Elkha 21.4; pabisiak 21.8; Pixel_B 21.3; Platonov, Serghei 33.2; SGO 21.7. |TÜNKERS Maschinenbau GmbH, Ratingen: 186.1, 188.1, 188.2, 189.1, 190.1, 195.1. |Ultimaker B.V., Geldermalsen: 70.1, 70.2. |© Hoffmann SE, 2025, München: 33.1, 33.4, 35.2, 131.1, 131.2.